U0937393

朱光潜谈美

朱光潜 著
刘悦笛 主编

古吴轩出版社

图书在版编目（CIP）数据

谈美 / 朱光潜著 ; 刘悦笛主编. -- 苏州 : 古吴轩出版社, 2021.7
ISBN 978-7-5546-1714-4

Ⅰ. ①谈… Ⅱ. ①朱… ②刘… Ⅲ. ①美学 Ⅳ. ①B83-49

中国版本图书馆CIP数据核字(2021)第011319号

责任编辑：李爱华
见习编辑：沈欣怡
策　　划：朱　敬
装帧设计：安　宁

书　　名：谈美
著　　者：朱光潜
主　　编：刘悦笛
出版发行：古吴轩出版社
地址：苏州市八达街118号苏州新闻大厦30F　　邮编：215123
电话：0512-65233679　　传真：0512-65220750
出 版 人：尹剑峰
印　　刷：天津图文方嘉印刷有限公司
开　　本：880×1230　1/32
印　　张：9.5
字　　数：173千字
版　　次：2021年7月第1版　第1次印刷
书　　号：978-7-5546-1714-4
定　　价：58.00元

图一　明　戴进《山水图》

图二　清　王原祁《西湖十景图》(局部)

图三　元　盛懋《松石图》

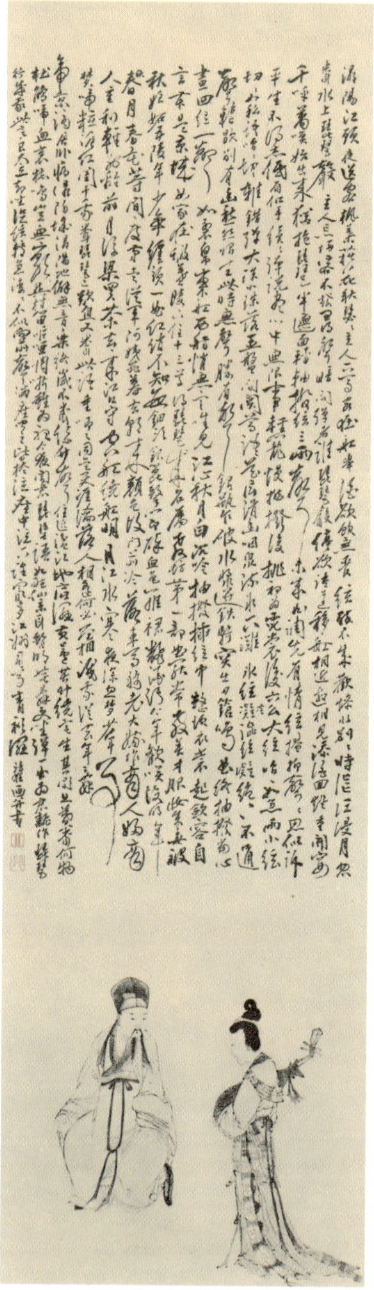

图四　明　郭诩《琵琶行图》

图五　南唐　周文矩《西子浣纱图》

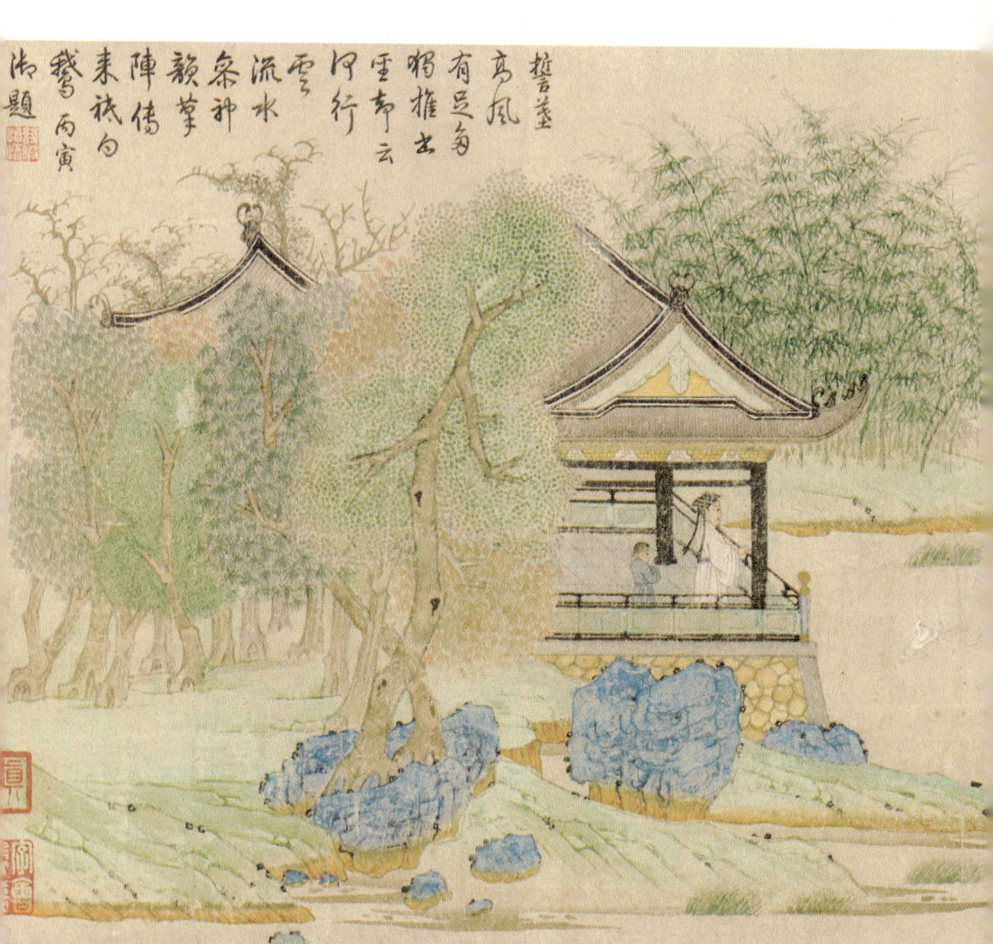

图六　元　钱选《王羲之观鹅图》

图七　北宋　赵令穰《陶潜赏菊图》

图八　南宋　马远《林和靖梅花图》

復得人馬圖
藝林法寶驚
黄絹蕭疎雲夹
鏡骨權奇鳳
臆龍顱神
華桀驊騮
氣揚技日進
蒭肉直可翻
公案莫官缠
鞭緊結束指
揮如意亦
豪彦北人使
馬南人船多
有其長矜獨
擅眎者錢塘
試弄潮此言
信哉丙寅觀
乾隆辛未三
月御題

图九　唐　韩幹《圉人呈马图》

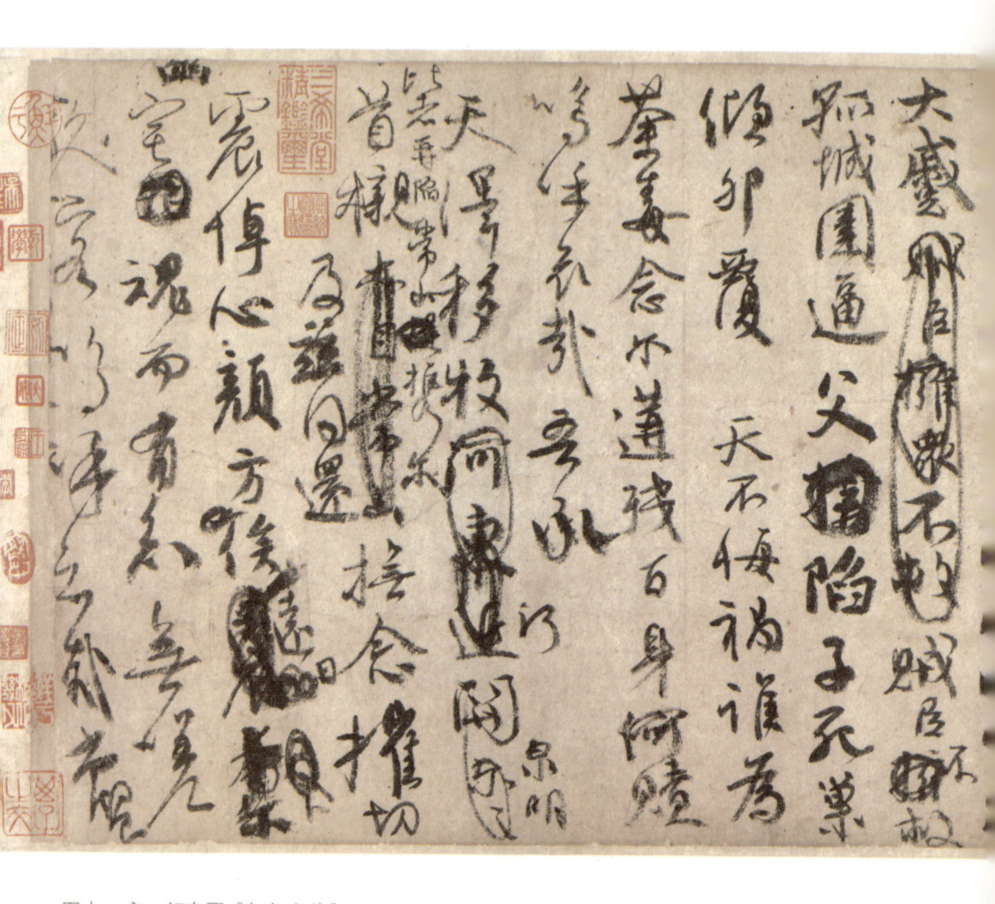

图十　唐　颜真卿《祭侄文稿》

維乾元元年歲次戊戌九月庚
午朔三日壬申第十三叔銀青光祿
夫使持節蒲州諸軍事蒲州
刺史上輕車都尉丹陽縣開國
侯真卿以清酌庶羞祭于
亡姪贈贊善大夫季明之靈曰
惟爾挺生夙標幼德宗廟瑚璉
階庭蘭玉每慰
人心方期戩穀何圖逆賊閒
釁稱兵犯順爾父竭誠常
山作郡余時受命亦在平

图十一　法国　塞尚《圣维克多山》

图十二　荷兰　伦勃朗《戴白帽的老妇肖像》

图十三　法国　库尔贝《路遇》

图十四　法国　德拉克罗瓦《自由引导人民》

1830.

图十五　法国　罗丹《思想者》

图十六　古希腊《断臂的维纳斯》

图十七　意大利　达·芬奇《最后的晚餐》

图十八　古希腊《拉奥孔》

谈美

目录

第一编　慢慢走，欣赏啊

美和实际人生有一个距离，要见出事物本身的美，须把它摆在适当的距离之外去看。

第二编　不完美，才是美

我们所居的世界是最完美的，就因为它是最不完美的。这话表面看去，不通已极。但是实在含有至理。

附　录　近代实验美学

后　记

序言 走向中国人『美的生活』

中国人的美学，不是“小美学”，而是“大美学”！

西方人研究的美学，皆为“小美学”。被广义汉语学界定译成“美学”的Aesthetica的词源，原本就是感性之意。美学，它的原意就是“感性学”，最初还被当作“感性认识”，因为理性认识之外的人类这么广阔的感性领域，需要一门叫作感性学的新学科来加以研究。这门学科只有不到三百年的历史，但人类审美的历史无疑是源远流长的，要比哲学久远得多。

我却认为，美学不只是“感性学”，更是“觉悟学”。中国语境下的“美学”的本土意蕴就在于它不仅是西学意义上的“感学”，更是本土意义上的“觉学”。在中国，美学这门哲学学科将“感学”之维度拓展开来，从而将之上升到“觉学”之境，而这“感”与“觉”两面恰好构成不即不离之微妙关联。当今德国美学家也意识到，美学作为Aesthetica亦即“感性认识论”的缺憾，所以近期提出美学乃Aisthetik亦即“一般知觉学”的新构想，以突破传统西方美学的本身的限制，从而将美学与更广阔的日常生活接通起来。

当美学学科与最为广阔的我们的“生活世界”联通起来时，这种美学就是一种“大美学”。任何包括哲学在内的学问与生活比较起来，都不能成其为“大”，更不能称其为“大”。21世纪以来，美学在中西方的最新进展，亦有着异曲同工之妙，美学回到生活世界，如今已经成了全球美学的共识，这就是“生活美学”的兴起。所以说，“大美学”之“大”，即在“生活”之“大”矣！

中国美学学派的建构，行走在“有人美学”之康庄大道上，这是由于中国美学与现实人生始终是血脉相连的，这就不同于西方人仅仅把美学当作哲学门类的“高头讲章”。于是，中国美学学派的建构不仅是可能的，而且会大有可为——它继承了两千年来中国古典美学“人能弘道”的儒家主流传统，20世纪中叶以来的实践美学“实践成人”的现代传统，新世纪开始以返本开新形式出场的“人归生活”的当代传统，由此正在形成“中国美学学派”得以延承的历史积淀，从而面向未来积极拓展，最终立足于全球美学之林。

新世纪以降，随着全球化的发展，中国与西方所面临的社会问题愈加趋同，尽管当今西方某些国家主导着逆“全球化”的另一种潮流，但是随着科技发展、生态破坏、市场蔓延和欲望激增，人类共同面临的社会问题与心理问题变得尤为凸显，而美学恰恰可以为解决此类消极问题，提供一条生存之道。如此看来，中国的美学乃是能提供人生意义支撑的智慧。实为一种“大美学”，而非仅面对审美和艺术现象的“小美学”。走这条“大美学”之路，才能突破美学所形成的既定中西双方的狭隘传统，使得美学真正向人类广阔的生活世界开放。

2018年的秋季，笔者与当代中国著名哲学家和美学家李泽厚先生在讨论“大美学”的英文译法，究竟用哪个更为合适。一般而言，“大美学”英文可以译为Grand Aesthetics或者Great Aesthetics，但是李泽厚认为，用Grand更有辉煌灿烂之意，而Great的用法则更为朴实简素，缺乏一点儿“哲学化”的意蕴。我有个新的启发性建议：大美学不妨译作Da-Aesthetica，也就是取海德格尔《存在与时间》核心概念Dasein的前缀Da，这个前缀本就是“在此”“在这”的意思。

海德格尔之Dasein的核心概念，我做这样的翻译主要的理由有两个：其一，从意译上来说，Dasein有着“在此”“缘在”“亲在”等译法，美学由此与存在直接勾连起来；其二，就音译上而言，Da就是中文“大”的音译，德文与中文的发音居然一致，就像也有译者把Dasein翻译成“达在”一样，这样音译与意译合一，岂不妙哉！

总而言之，我以为Da-Aesthetica的译法的确把音与意的翻译较完美地结合起来，起源于中国意蕴的“大美学”，乃是超出狭义“感性学”意义上的“实践—生活美学”。因此，大美学=Da-Aesthetica。

我们这套丛书就是一套“生活大美学”丛书。这套丛书里所选诸大家的各种大美之论，都是与你、我、他的生活息息相关的，愿他们的“大美学”真正影响到我们的生活。在这个意义上，“大美学”才是具有“大用”的，而这种用就是“无用之大用”。

让我们一起，经由“大美学”，走向中国人的“美生活”吧!

刘悦笛

（“生活美学”倡导者，中国社会科学院哲学所研究员，
国际美学协会总执委，博士生导师。）

2021年5月20日晨于斯文至乐堂

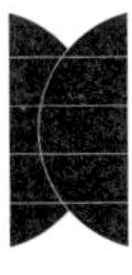

代前言一：什么叫做美

一

艺术的美丑既不是自然的美丑，它们究竟是什么呢?

有人问圣·奥古斯丁："时间究竟是什么?"他回答说："你不问我，我本来很清楚地知道它是什么；你问我，我倒觉得茫然了。"世间许多习见周知的东西都是如此，最显著的就是"美"。我们天天都应用这个字，本来不觉得它有什么难解，但是哲学家们和艺术家们摸索了两三千年，到现在还没有寻到一个定论。听他们的争辩，我们不免越弄越糊涂。我们现在研究这个似乎易懂的字何以实在那么难懂。

我们说花红、胭脂红、人面红、血红、火红、衣服红、珊瑚红等等，红是这些东西所共有的性质。这个共同性可以用光学分析出来，说它是光波的一定长度和速度刺激视官所生的色觉。同样地，我们说花美、人美、风景美、声音美、颜色美、图画美、文章美等等，美也应该是所形容的东西所共有的属性。这个共同性究竟是什么呢？美学却没有像光学分析红色那样，把它很清楚地分析出来。

美学何以没有做到光学所做到的呢？美和红有一个重要的分别。红可以说是物的属性，而美很难说完全是物的属性。比如一朵花本来是红的，除开色盲，人人都觉得它是红的。至如说这朵花美，各人的意见就难得一致。尤其是比较新比较难的艺术作品不容易得一致的赞美。假如你说它美，我说它不美，你用什么精确的客观的标准可以说服我呢？美与红不同，红是一种客观的事实，或者说，一种自然的现象，美却不是自然的，多少是人凭着主观所定的价值。“主观”是最纷歧、最渺茫的标准，所以向来对于美的审别，和对于美的本质的讨论，都非常纷歧。如果人们对于美的见解完全是纷歧的，美的审别完全是主观的、个别的，我们也就不把美的性质当作一个科学上的问题。因为科学目的在于杂多现象中寻求普遍原理，普遍原理都有几分客观性，美既然完全是主观的，没有普遍原理可以统辖它，它自然不能成为科学研究的对象了。但是事实又并不如此。关于美感，纷歧之中又有几分一致，一个东西如果是美的，虽然不能使一切人都觉得美，却能使多数人觉得美。所以美的审别究竟还有几分客观性。

研究任何问题，都须先明白它的难点所在，忽略难点或是回避难点，总难得到中肯的答案。美的问题难点就在它一方面是主观的价值，一方面也有几分是客观的事实。历来讨论这个问题的学者大半只顾到某一方面而忽略另一方面，所以寻来寻去，终于寻不出美的真面目。

大多数人以为美纯粹是物的一种属性，正犹如红是物的另一种属性。换句话说，美是物所固有的，犹如红是物所固有的，无论有人观赏或没有人观赏，它永远存在那里。凡美都是自然美。从这个观点研究美学者往往从物的本身寻求产生美感的条件。比如就简单的线形说，柏拉图以为最美的线形是圆和直线，画家霍加斯（Hogarth）以为它是波动的曲线，据德国美学家斐西洛（Fechner）的实验，它是一般画家所说的“黄金分割”（golden section）即宽与长成1与1.618之比的长方形。希腊哲学家毕达哥拉斯（Pythagoras）以为美的线形和一切其他美的形象都必显得“对称”（symmetry），至于对称则起于数学的关系，所以美是一种数学的特质。近代数学家莱布尼兹（Leibniz）也是这样想，比如我们在听音乐时都在潜意识中比较音调的数量的关系，和谐与不和谐的分别即起于数量的配合匀称与不匀称。画家达·芬奇（Leonardo da Vinci）以为最美的人颜面与身材的长度应成一与十之比。每种艺术都有无数的传统的秘诀和信条，我们只略翻阅讨论各种艺术技巧的书籍，就可以看出在物的本身寻求美的条件的实例多至不胜枚举。这些条件也有为某种艺术所特有的，如上述线形美诸例；也有为一切艺术所共有的，如“寓整齐于变化”（unity in variety）、“全体一贯”（organic unity）、“人情入理”（verisimilitude）诸原则。一般人都以为一件事物如果使人觉得美时，它本身一定具有上述种种美的条件。

美的条件未尝与美无关，但是它本身不就是美，犹如空气含水分是雨的条件，但空气中的水分却不就是雨。其次，就上述线形美实验看，美的条件也言人人殊；就论各种艺术技巧的书籍看，美的条件是数不清的。把美的本质问题改为美的条件问题，不但是离开本题，而且愈难从纷乱的议论中寻出一个合理的结论。具有美的条件的事物仍然不能使一切人都觉得美。知道了什么是美的条件，创作家不就因而能使他的作品美，欣赏家也不就因而能领略一切作品的美。从此可知美不能完全当作一种客观的事实，主观的价值也是美的一个重要的成因。这就是说，艺术美不就是自然美，研究美不能像研究红色一样，专门在物本身着眼，同时还要着重观赏者在所观赏物中所见到的价值。我们只问“物本身如何才是美”还不够，另外还要问“物如何才能使人觉到美”或是“人在何种情形之下才估定一件事物为美”？

二

以上所说的在物本身寻求美的条件，是把艺术美和自然美混为一事，把美看成一种纯粹的客观的事实。此外有些哲学家专从价值着眼。所谓“价值”都是由于物对于人的关系所发生出来的。比如说“善”（good）是人从伦理学、经济学种种实用观点所定的价值，“真”（truth）是人从科学和哲学观点所定的价值。“美”本来是人从艺术观点所定的价值，但是美学家们往往因为不能寻出美的特殊价值所在，便把它和“善”或“真”混为一事。

“善”的最浅近的意义是“用”（useful）。凡是善，不是对于事物自身有实用，就是对于人生社会有实用。就广义说，美的嗜好是一种自然需要的满足，也还算是有用，也还是一种善。不过就狭义说，美并非实用生活所必需，与从实用观点所见到的“善”是两种不同的价值。许多人却把美看作一种从实用观点所见到的善。我们在书里所说的海边农夫以为门前海景不如屋后一园菜美，是以有用为美的最好的实例。在色诺芬（Xenophon）的《席上谈》里有一段关于苏格拉底的趣事。有一次希腊举行美男子竞赛，当大家设筵庆贺胜利者时，苏格拉底站起来说最美的男子应该是他自己，因为他的眼睛像金鱼一样突出，最便于视；他的鼻孔阔大朝天，最便于嗅；他的嘴宽大，最便于饮食和接吻。这段故事对于美学有两重意义。第一，它显示一般人心中所以为美的大半是指有用的；第二，它也证明以实用标准定事物的美丑，实在不是一种精确的办法，苏格拉底所自夸的突眼、朝天鼻孔和大嘴虽然有用，仍然不能使他在美男子竞赛中得头等奖。

我们在讨论文艺与道德时，也提到许多人想把“美的”和“道德的”混为一事，我们的结论是这两种属性虽有时相关却不容相混。现在我们无须复述旧话，只作一句总结说："美"和"有用的""道德的"各种"善"都有分别。

有一派哲学家把"美"和"真"混为一事。艺术作品本来脱离不去"真"，所谓"全体一贯""入情入理"诸原则都是"真"的别名。但是艺术的真理或"诗的真理"（poetic truth）和科学的真理究竟是两回事。比如但丁的《神曲》或曹雪芹的《红楼梦》所表现的世界都全是想象的，虚构的，从科学观点看，都是不真实的。但是在这虚构的世界中，一切人物情境仍是入情入理，使人看到不觉其为虚构，这就是"诗的真理"。凡是艺术作品大半是虚构（fiction），但同时也都是名学家所说的假然判断（hypothetical judgment）。例如"泰山为人"本不真实，但是"若泰山为人，则泰山有死"则有真实。艺术的虚构大半也是如此，都可以归纳成"若甲为乙，则甲为丙"的形式，我们不应该从科学观点讨论甲是否实为乙，只应问在"甲为乙"的假定之下，甲是否有为丙的可能。柏拉图和亚里士多德的争执即起于此种分别。柏拉图见到"甲为乙"是虚构，便说诗无真理；亚里士多德见到"若甲为乙，则甲为丙"在名学上仍可成立，所以主张诗自有"诗的真理"。我们承认一切艺术都有"诗的真理"，因为假然判断仍有必然性与普遍性；但是否认"诗的真理"就是科学的真理，因为假然判断的根据是虚构的。

我们所说的不分美与真的哲学家们所指的"真"，并非"诗的真理"，而是科学或哲学的真理。多数唯心派哲学家都犯了这个毛病，尤其是黑格尔。据他说，“概念（idea）从感官所接触的事物中照耀出来，于是有美”，换句话说，美就是个别事物所现出的“永恒的理性”。美的特质为“无限”（infinitude）和“自由”（freedom）。自然是有限的，受必然律支配的，所以在美的等差中位置最低。同是自然事物所表现的“无限”和“自由”也有程度的差别，无生物不如生物，生物之中植物不如动物，而一般动物又不如人，美也随这个等差逐渐增高。最无限、最自由的莫如心灵，所以最高的美都是心灵的表现。模仿自然，决不能产生最高的美，只有艺术里面有最高的美，因为艺术纯是心灵的表现。艺术与自然相反，它的目的就在超脱自然的限制而表现心灵的自由。它的位置高低就看它是否完全达到这个目的。诗纯是心灵的表现，受自然的限制最少，所以在艺术中位置最高；建筑受自然的限制最多，所以位置最低。

英国学者司特斯（Stace）在他的《美的意义》里附和黑格尔的学说而加以发挥。在他看来，美也是概念的具体化。概念有三种。一种是“先经验的”（a priori concepts），即康德所说的“范畴”，如时间、空间、因果、偏全、肯否等等，为一切知觉的基础，有它们才能有经验。一种是“后经验的知觉的概念”（empirical perceptual concepts），如人、马、黑、长等等。想到这种概念时，心里都要同时想到它们所代表的事物，所以不能脱离知觉。它们是知觉个别事物的基础，例如知觉马必用“马”的概念。另一种是“后经验的非知觉的概念”（empirical non-perceptual concepts)，例如“自由”“进化”“文明”“秩序”“仁爱”“和平”等等。我们想到这些概念时，心中不必同时想到它们所代表的事物，所以是“非知觉的”，游离不着实际的。这种“后经验的非知觉的概念”表现于可知觉的个别事物时，于是有美。无论是自然或是艺术，在可以拿“美”字来形容时，后面都写有一种理想。不过这种理想须与它的符号（即个别事物）融化成天衣无缝，不像在寓言中符号和意义可以分立。

哲学家讨论问题，往往离开事实，架空立论，使人如堕五里雾中。我们常人虽无方法辩驳他们，心里却很知道自己的实际经验，并不像他们所说的那么一回事。美感经验是最直接的，不假思索的。看罗丹的《思想者》雕像[①]，听贝多芬的交响曲，或是读莎士比亚的悲剧，谁先想到“自由”“无限”种种概念和理想，然后才觉得它美呢?“概念”“理想”之类抽象的名词都是哲学家们的玩艺儿，艺术家们并不在这些上面劳心焦思。

三

统观以上种种关于美的见解，可以粗略地分为两类。一类是信任常识者所坚持的，着重客观的事实，以为美全是物的一种属性，艺术美也还是一种自然美，物自身本来就有美，人不过是被动的鉴赏者。一类是唯心派哲学家所主张的，着重主观

① 见图十五。——编者注

的价值，以为美是一种概念或理想，物表现这种概念或理想，才能算是美，像休谟在他的《论文集》第二十二篇中所说的："美并非事物本身的属性，它只存在观赏者的心里。"我们已经说过，这两说都很难成立。如果美全在物，则物之美者人人应觉其为美，艺术上的趣味不应有很大的分歧；如果美全在心，则美成为一种抽象的概念，它何必附丽于物，固是问题，而且在实际上，我们审美并不想到任何抽象的概念。

我们介绍唯心派哲学家对于美的见解时，没有谈到康德，康德是同时顾到美的客观性与主观性两方面的，他的学说可以用两条原则概括起来：

一、美感判断与名理判断不同，名理判断以普泛的概念为基础，美感判断以个人的目前感觉为基础，所以前者是客观的，后者是主观的。

二、一般主观的感觉完全是个别的，随人随时而异。美感判断虽然是主观的，同时却像名理判断有普遍性和必然性。这种普遍性和必然性纯赖感官，不借助于概念。物使我觉其美时，我的心理机能（如想象、知解等）和谐地活动，所以发生不沾实用的快感。一人觉得美的，大家都觉得美（即所谓美感判断的必然性和普遍性），因为人类心理机能大半相同。

康德超出一般美学家，因为他抓住问题的难点，知道美感是主观的，凭借感觉而不假概念的；同时却又不完全是主观的，仍有普遍性和必然性。依他看，美必须借心才能感觉到，但物亦必须具有适合心理机能一个条件，才能使心感觉到美。不过康德对于美感经验中的心与物的关系似仍不甚了解。据他的解释，一个形象适合心理机能，与一种颜色适合生理机能，并无分别，心对美的形象，和视官对美的颜色一样，只处于感受的地位。这种感受是直接的，所以康德走到极端的形式主义，以为只有音乐与无意义的图案画之类，纯以形式直接地打动感官的东西才能有“纯粹的美”，至于带有实用联想的自然物和模仿自然的艺术都只能具“有依赖的美”。因为它们不是纯粹由感官直接感受而要借助于概念的。这种学说把诗、图画、雕刻、建筑一切含有意义或实用联想的艺术以及大部分自然都摈诸“纯粹的美”范围之外，显然不甚圆满。他所以走到极端的形式主义者，由于把美感经验中的心看作被动的感受者。

美不仅在物，亦不仅在心，它在心与物的关系上面；但这种关系并不如康德和一般人所想象的，在物为刺激，在心为感受；它是心借物的形象来表现情趣。世间并没有天生自在、俯拾即是的美，凡是美都要经过心灵的创造。我们已详细分析过，在美感经验中，我们须见到一个意象或形象，这种“见”就是直觉或创造，所见到的意象须恰好传出一种特殊的情趣，这种“传”就是表现或象征；见出意象恰好表现情趣，就是审美或欣赏。创造是表现情趣于意象，可以说是情趣的意象化；欣赏是因意象而见情趣，可以说是意象的情趣化。美就是情趣意象化或意象情趣化时心中所觉到的“恰好”的快感。“美”

是一个形容词，它所形容的对象不是生来就是名词的“心”或“物”，而是由动词变成名词的“表现”或“创造”，这番话较笼统，现在我们把它的涵义抽绎出来。

第一，我们这样地解释美的本质，不但可以打消美本在物及美全在心两个大误解，而且可以解决内容与形式的纠纷。从前学者有人主张美与内容有关，有人以为美全在形式，这问题闹得天昏地暗，到现在还是莫衷一是。“内容”“形式”两词的意义根本就很混沌，如果它们在艺术上有任何精确的意义，内容应该是情趣，形式应该是意象：前者为“被表现者”，后者为“表现媒介”。“未表现的”情趣和“无所表现的”意象都不是艺术，都不能算是美，所以“美在内容抑在形式”根本不成为问题。美既不在内容，也不在形式，而在它们的关系——表现——上面。

其次，我们这种见解着重美是创造出来的，它是艺术的特质，自然中无所谓美。在觉自然为美时，自然就已告成表现情趣的意象，就已经是艺术品。比如欣赏一棵古松，古松在成为欣赏对象时，绝不是一堆无所表现的物质，它一定变成一种表现特殊情趣的意象或形象。这种形象并不是一件天生自在、一成不变的东西。如果它是这样，则无数欣赏者所见到的形象必定相同。但在实际上甲与乙同在欣赏古松，所见到的形象却甲是甲乙是乙，所以如果两个人同时把它画出，结果是两幅不同的图画。从此可知各人所欣赏到的古松的形象其实是各人所创造的艺术品。它有艺术品所常具的个性，因为它是各人临时临境的性格和情趣的表现。古松好比一部词典，各人在这部词典里选择一部分词出来，表现他所特有的情思，于是有诗，这诗就是各人所见的古松的形象。你和我都觉得这棵古松美，但是它何以美？你和我所见到的却各不相同。一切自然风景都可以作如是观。陶潜在“悠然见南山”时，杜甫在见到“造化钟神秀，阴阳割昏晓”时，李白在觉得“相看两不厌，只有敬亭山”时，辛弃疾在想到“我见青山多妩媚，料青山见我应如是”时，都觉得山美，但是山在他们心中所引起的意象和所表现的情趣都是特殊的。阿米儿（Amiel）说：“一片自然风景就是一种心境。”惟其如此，它也就是一件艺术品。

第三，离开传达问题而专言美感经验，我们的学说否认创造和欣赏有根本上的差异。创造之中都寓有欣赏，欣赏之中也都寓有创造。比如陶潜在写“采菊东篱下，悠然见南山”那首诗时，先在环境中领略到一种特殊情趣，心里所感的情趣与眼中所见的意象猝然相遇，默然相契。这种契合就是直觉、表现或创造。他觉得这种契合有趣，就是欣赏。惟其觉得有趣，所以他借文字为符号把它留下印痕来，传达给别人看。这首诗印在纸上时只是一些符号。我如果不认识这些符号，它对于我就不是诗，我就不能觉得它美。印在纸上的或是听到耳里的诗还是生糙的自然，我如果要觉得它美，一定要认识这些符号，从符号中见出意象和情趣，换句话说，我要回到陶潜当初写这首诗时的地位，把这首诗重新在心中“再造”出来，才能够说欣赏。陶潜由情趣而意象而符号，我由符号而意象而情趣，这种进行次第先后容有不同，但是情趣意象先后之分究竟不甚重要，因为它们在分立时艺术都还没有成就，艺术的成就在情趣意象契合融化为一整体时。无论是创造者或是欣赏者都必须见到情趣意象混化的整体（创造），同时也都必觉得它混化得恰好（欣赏）。

最后，我们的学说肯定美是艺术的特点。这是一般常识所赞助的结论，我们所以特别提出者，因为从托尔斯泰以后，有一派学者以为艺术与美毫无关系。托尔斯泰把艺术看成一种语言，是传达情感的媒介。这种见解与现代克罗齐、理查兹诸人的学说颇有不谋而合处。就“什么叫做艺术”这个问题的答案说，托尔斯泰实在具有特见。他的错误在没有懂得“什么叫做美”，他归纳许多19世纪哲学家所下的美的定义说：“美是一种特殊的快感。”他接受了这个错误的美的定义，看见它与“艺术是传达情感的媒介”这个定义不相容，便说艺术的目的不在美。近来美国学者杜卡斯（Ducasse）在他的《艺术哲学》里附和托尔斯泰，也陷于同样的错误。托尔斯泰和杜卡斯等人忘记情感是主观的，必客观化为意象，才可以传达出去。情趣和意象相契合混化，便是未传达以前的艺术，契合混化的恰当便是美。察觉到美寻常都伴着不沾实用的快感，但是这种快感是美的后效，并非美的本质。艺术的目的直接在美，间接在美所伴的快感。

四

如果“美”的性质不易明白，“丑”的定义更难下得精确。“美”字的相反字是“不美”，“不美”却不一定就是“丑”。许多事物不能引起我们的好恶，我们对于它们只是漠不关心，它们对于我们也只是不美不丑。所以在美学中，“丑”不完全是消极的，应该有一种积极的意义。它的积极的意义是什么呢?

一般人所说的丑大半不外指“自然丑”的两种意义：它或是使人生不快感，如无规律的线形和嘈杂的声音；或是事物的变态，如人的残缺和树的臃肿。我们已经见过，这两种意义的“丑”与“艺术丑”之“丑”应该有分别，因为这些自然丑都可以化为艺术美。

此外，“丑”对于一般人也许还另有一个意义，就是难了解欣赏的美。一位英国老太婆看见埃及的金字塔，很失望地说：“我向来没有见过比它更丑拙的东西！”一般人的艺术趣味大半是传统的，因袭的，他们对于艺术作品的反应，通常都沿着习惯养成的抵抗力最小的途径走。如果有一种艺术作品和他们的传统观念和习惯反应格格不入，那对于他们就是丑的。凡是新兴的艺术风格在初出世时都不免使人觉得丑，假古典派对于“哥特式”（gothic）艺术的厌恶，以及许多其他史例，都是明证。但是这种意义的“丑”起于观赏者的弱点，并非艺术本身的“丑”。

我们所要明白的就是艺术本身的“丑”究竟是怎么一回事。这个问题为许多近代美学家所争辩过。据克罗齐说：美是“成功的表现”（successful expression），丑是“不成功的表现”（unsuccessful expression）。这两句结论中第一句是我们所承认的，但是第二句关于“丑”的话却有一个大难点。把“丑”和“美”都摆在美学范围里并论时，就是承认“丑”和“美”同样是一种美感的价值。但是“不成功的表现”就不算是艺术，就是美感经验以外的东西，那么，“丑”（美感经验以外的价值）就不能和“美”（美感经验以内的价值）并列在同一个范围里面了。换句话说，是艺术就必定是美的，艺术范围之内不能有所谓“丑”。“艺术丑”这个名词就不能成立。如果我们全部接受克罗齐的美学，势必走到这种困境，因为克罗齐把美看成绝对的价值，不容有程度上的比较。

英国美学家鲍申葵在他的《美学三讲》里把这个困难说得最清楚：

> 情感表现于形象，于是有美。一件事物与美相冲突，或产生一种影响与美的影响恰相反者——这就是我们所谓的丑——它自身不是有表现性的形象，就是没有表现性的形象。如果它是没有表现性的形象，那么，就美感说，它就没有什么意义。如果它是有表现性的形象，那么，它就寓有一种情感，就落到美的范围以内了。

依鲍申葵说，丑的形象须同时似有表现性而实无表现性。它好像是表现一种情感，但是实在没有把它表现出来。它把想象引到一个方向去，同时又把想象的去路打断，好比闪烁很快的光，刚引起视觉活动，马上就强迫它停住，所以引起失望与不快感。有心要露出有表现性的样子，而实在空洞无所表现，于是有丑，所以丑只可以在虚伪的矫揉造作、貌似神非的艺术里发现。自然中不能有这种意义的丑，因为自然不能像人一样，有意地作表现的尝试。

依我们看，鲍申葵虽然明白“丑”的问题难点，他的答案却仍不甚圆满，因为他没有见到似有表现性而实无表现性的东西究竟还不是“表现”或艺术。既不是表现或艺术，它就要落到以讨论表现或艺术为职务的美学范围以外了。这种困难根本是从价值问题来的。如果承认美的价值是绝对的，那么，一个形象或有表现性，或无表现性。有表现性就是美，否则就只是“不美”，“丑”字在美学中便无地位。如果承认美的价值是有比较的，则表现在“恰到好处”这个理想之下可以有种种程度上的等差。愈离“恰到好处”的标准点愈远就愈近于丑。依这一说，“丑”“美”一样是美感范围以内的价值，它们的不同只是程度的而不是绝对的。我们相信这个解释是美丑问题难关的唯一出路。

（选自《文艺心理学》，开明书店1936年版）

代前言二：怎样学美学

朋友们：

从1965年到1977年，我有十多年没有和你们互通消息了。“四人帮”反党集团被一举粉碎之后，我才得到第二次“解放”，怀着舒畅的心情和老骥伏枥的壮志，重理美学旧业，在报刊上发表了几篇文章。相识和不相识的朋友们才知道我这个本当“就木”的老汉居然还在人间，纷纷来信向我提出一些关于学习美学中所遇到的问题，使我颇有应接不暇之势。能抽暇回答的我就回答了，大多数却还来不及回答。我的健康状况，赖经常坚持锻炼，还不算太坏，但今年已八十二岁，毕竟衰老了，而且肩上负担还相当重，要校改一些译稿和文稿，带了两名西方文艺批评史方面的研究生，自己也还在继续学习和研究，此外因为住在首都，还有些要参加的社会活动，够得上说“忙”了。所以来信多不能尽回，对我是一个很大的精神负担。朋友们的不耻下问的盛情都很可感，我怎么能置之不理呢？都理吧，确实有困难，如何是好呢？

不久前，社会科学院外文所在广州召开了工作规划会议。在会议中碰见上海文艺出版社的同志，谈起我在解放[1]前写的一本《谈美——给青年的第十三封信》，认为文字通俗易懂，颇合初学美学的青年们的需要，于是向我建议另写一部新的《谈美》，在这些年来不断学习马列主义、毛泽东思想的基础上，对美学上一些关键性的问题谈点新的认识。听到这个建议，我“灵机一动”，觉得这是一个好机会，让我给来信未复的朋友们作一次总的回答，比草草作复或许可以谈得详细一点。而且到了这样大年纪了，也该清理一下过去发表的美学言论，看看其中有哪些是放毒，有哪些还可继续商讨。放下这个包袱之后，才可轻装上路，去见马克思。这不免使我想起孟子说过的一个故事：从前有一位冯妇力能搏虎，搏过一次虎，下次又遇到一只虎，他又“攘臂下车”去搏，旁观的士大夫们都耻笑冯妇“不知止”。现在我就冒蒙士大夫耻笑的危险，也做一回冯妇吧！

朋友们提的问题很多。最普遍的是：怎样学美学？该具备哪些条件？用什么方法？此外当然还有就具体美学问题征求意见的。例如说：“你过去在美学讨论中坚持所谓‘主客观统一’，还宣扬什么‘直觉说’‘距离说’‘移情说’

[1] 即新中国成立，下同。——编者注

之类‘主观唯心主义货色’，经过那么久的批判，是否现在又要‘翻案’或‘回潮’呢？”

这类问题在以后信中当相机谈到，现在先谈较普遍的一个问题：怎样学美学？

西方有一句谚语：“条条大路通罗马。”足见通罗马的路并非只有一条。各人资禀不同，环境不同，工作任务的性质不同，就难免要走不同的道路。学美学也是如此，没有哪一条是学好美学的唯一的路。我只能劝诸位少走弯路，千万不要走上邪路。我们都亲眼看到一些人在买空卖空，弄虚作假，公式随便套，帽子满天飞，或者随风转舵，哪里可谋高官厚禄，就拼命往哪里钻，不知人间有羞耻事。这是一条很不正派的邪路，不能再走了。再走就不但要断送个人的前途，而且要耽误我们建设四个现代化的社会主义国家的大业。

我们干的是科学工作，是一项必须实事求是、玩弄不得一点虚假的艰苦工作，既要有清醒的头脑和坚定的恒心，也要有排除一切阻碍和干扰的勇气。马克思在《政治经济学批判》序言末尾曾教导我们说：“在科学的入口处，正像在地狱的入口处一样，必须提出这样的要求：‘到这里人们就应该排除一切疑虑，这个领域里不容许有丝毫畏惧！’”归根到底，这要涉及人生态度，是敷敷衍衍、蝇营狗苟地混过一生呢？还是下定决心，做一点有益于人类文化的工作呢？

立志要研究任何一门科学的人首先都要端正人生态度，认清方向，要“做老实人，说老实话，办老实事”。一切不老实的人做任何需要实事求是的科学工作都不会走上正路的。

正路并不一定就是一条平平坦坦的直路，难免有些曲折和崎岖险阻，要绕一些弯，甚至难免误入歧途。哪个重要的科学实验一次就能成功呢？“失败者成功之母。”失败的教训一般比成功的经验更有益。现在是和诸位谈心，我不妨约略谈一下自己在美学这条路上是怎样走过来的。我在1936年由开明书店出版的《文艺心理学》里曾写过这样一段“自白”：

> 从前我决没有梦想到我有一天会走到美学的路上去。我前后在几个大学里做过十四年的大学生，学过许多不相干的功课，解剖过鲨鱼，制造过染色切片，读过艺术史，学过符号逻辑，用过薰烟鼓和电气反应仪器测验过心理反应，可是我从来没有上过一次美学课。我原来的兴趣中心第一是文学，其次是心理学，第三是哲学。因为欢喜文学，我被逼到研究批评的标准，艺术与人生，艺术与自然，内容与形式，语文与思想等问题；因为欢喜心理学，我被逼到研究想象与情感的关系，创造和欣赏的心理活动，以及文艺趣味上的个别差异；因为欢喜哲学，我被逼到研究康德、黑格尔和克罗齐诸人的美学著作。这样一

来，美学便成为我所欢喜的几种学问的联络线索了。我现在相信：研究文学、艺术、心理学和哲学的人们如果忽略美学，那是一个很大的欠缺。

事隔四五十年，现在翻看这段自白，觉得大体上是符合事实的，只是最后一句话还只顾到一面而没有顾到另一面。我现在（四五十年后的今天）相信：研究美学的人如果不学一点文学、艺术、心理学、历史和哲学，那会是一个更大的欠缺。

为什么要作这点补充呢？因为近几十年我碰见过不少的不学文学、艺术、心理学、历史和哲学，也并没有认真搞过美学的文艺理论“专家”，这些“专家”的“理论”既没有文艺创作和欣赏的基础，又没有心理学、历史和哲学的基础，那就难免要套公式，玩弄抽象概念，你抄我的，我抄你的，以讹传讹。这不但要坑害自己，而且还会在爱好文艺和美学的青年朋友们中造成难以估计的不良影响，现在看来还要费大力，而且主要还要靠有觉悟的青年朋友们自己来清除这种影响。但我是乐观的，深信美学和其他科学一样，终有一天要走上正轨，这是人心所向，历史大势所趋。

我自己在学习美学过程中也走过一些弯路和错路。解放前几十年中我一直在东奔西窜，学了一些对美学用处不大的学科。例如在罗素的影响之下我认真地学过英、意、德、法几个流派的符号逻辑，还写过一部介绍性的小册子，稿子交给商务印书馆，在抗日战争早期遭火烧掉了。在弗洛伊德的影响之下，我费过不少精力研究过变态心理学和精神病治疗，还写过一部《变态心理学》（商务印书馆出版）和一部《变态心理学派别》（开明书店出版）。在抗日战争时期，我心情沉闷，在老友熊十力先生影响之下，读过不少的佛典，认真钻研过“成唯识论”，还看了一些医书和谈碑帖的书，可谓够“杂”了。

此外，我还有一个坏习惯：学到点什么，马上就想拿来贩卖。我的一些主要著作如《文艺心理学》《谈美》《诗论》和英文论文《悲剧心理学》之类都是在学生时代写的。当时作为穷学生，我的动机确实有很大一部分是追求名利。不过这种边买边卖的办法也不是完全没有益处。为着写，学习就得认真些，要就所学习的问题多费些心思来把原书吃透，整理自己的思想和斟酌表达的方式。我发现这也是一个很好的学习方式和思想训练。问题出在我学习得太少了，写得太多太杂了。假如我不那样东奔西窜，在专和精上多下些功夫，效果也许较好些。“事后聪明”，不免有些追悔。所以每逢青年朋友们问我怎样学美学时，我总是劝他们切记毛泽东同志集中精力打歼灭战和先攻主要矛盾的教导。一个战役接着一个战役打，不要东奔西窜，浪费精力。就今天多数青年人来说，目前主要矛盾在资料太少，见闻太狭窄，老是抱着几本“理论专家”的小册子转，一定转不出什么名堂来。学通一两种外语可以勉强看外文书籍了，就可以陆续试译几种美学名著。翻译也是学好外文的途径之一。读了几部美学名著，掌握了必要的资料，就可以开始就专题学习写出自己的心得。选题一定要针对我国当前的文艺动态及其所引起的大家都想解决的问题。例如毛泽东同志给陈毅同志的一封谈诗的信发表之后，全国展开了关于“形象思维”的讨论。这确实是美学中一个关键性的问题，你从事美学，能不闻不问吗？不闻不问，你怎能使美学为现实社会服务呢？你自己怎能得到集思广益和百家争鸣的好处呢？为着弄清“形象思维”问题，你就得多读些有关的资料和书籍，多听些群众的意见，逐渐改正自己的初步想法，从而逐渐深入到问题的核心，逐渐提高自己的认识能力和思考能力。这样学美学，我认为比较踏实些。我希望青年朋友们不要再蹈我的覆辙，轻易动手写什么美学史。美学史或文学史好比导游书，你替旁人导游而自己却不曾游过，就难免道听途说，养成武断和不老实的习惯，不但对美学无补，而且对文风和学风都要起败坏作用。

在我所走过的弯路和错路之中，后果最坏的还是由于很晚才接触到马列主义、毛泽东思想，长期陷在唯心主义和形而上学的泥淖中。解放后，特别在五十年代全国范围的美学批判和讨论中，我才开始认真地学习辩证唯物主义和历史唯物主义，从而逐渐认识到自己过去的一些美学观点的错误。学习逐渐深入，我也逐渐认识到真正掌握和运用马列主义并不是一件易事。如果把它看成易事，就必然有公式化和概念化的危险。我还逐渐认识到历史上一些唯心主义的美学大师，从柏拉图、普洛丁到康德和黑格尔，都还应一分为二地看，在美学领域里他们毕竟做出了不可磨灭的贡献。这一点认识使我进一步懂得了文化批判继承的道理和钻研马列主义的重要性。所以我在指导我的研究生时，特别要求他们努力掌握马列主义。要掌握马列主义，首先就要一切从具体的现实生活出发，实事求是，彻底清除公式化和概念化的恶劣积习，下次信中再着重地谈一谈这个问题。

（选自《谈美书简》，上海文艺出版社1980年版）

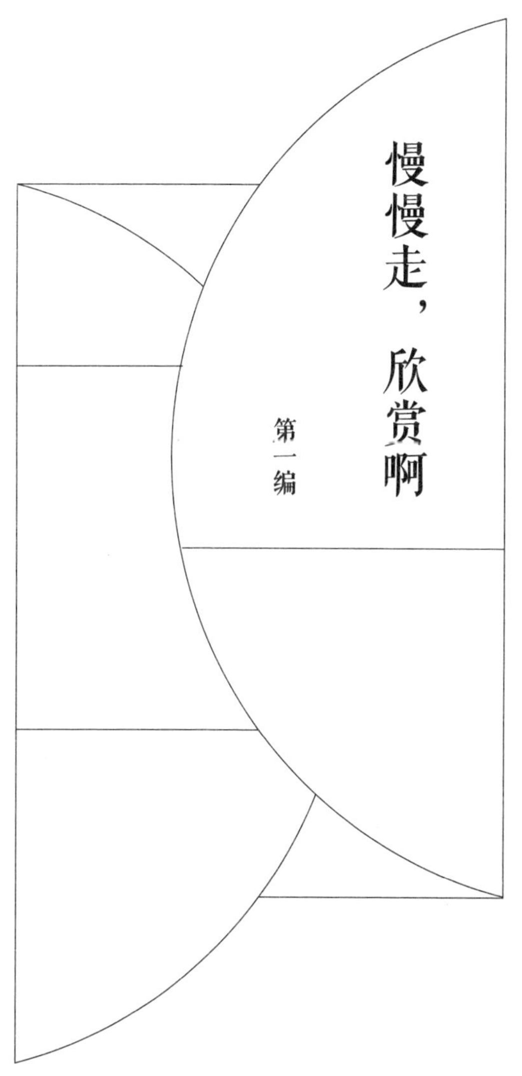

第一编

慢慢走，欣赏啊

美和实际人生有一个距离，
要见出事物本身的美，
须把它摆在适当的距离之外去看。

我们对于一棵古松的三种态度

——实用的、科学的、美感的

我刚才说，一切事物都有几种看法。你说一件事物是美的或是丑的，这也只是一种看法。换一个看法，你说它是真的或是假的；再换一种看法，你说它是善的或是恶的。同是一件事物，看法有多种，所看出来的现象也就有多种。

比如园里那一棵古松[①]，无论是你是我或是任何人一看到它，都说它是古松。但是你从正面看，我从侧面看，你以幼年人的心境去看，我以中年人的心境去看，这些情境和性格的差异都能影响到所看到的古松的面目。古松虽只是一件事物，你所看到的和我所看到的古松却是两件事。假如你和我各把所得的古松的印象画成一幅画或是写成一首诗，我们俩艺术手腕尽管不分上下，你的诗和画与我的诗和画相比较，却有许多重要的异点。这是什么缘故呢？这就由于知觉不完全是客观的，各人所见到的物的形象都带有几分主观的色彩。

假如你是一位木商，我是一位植物学家，另外一位朋友是

① 见图三。——编者注

画家，三人同时来看这棵古松。我们三人可以说同时都“知觉”到这一棵树，可是三人所“知觉”到的却是三种不同的东西。你脱离不了你的木商的心习，你所知觉到的只是一棵做某事用值几多钱的木料。我也脱离不了我的植物学家的心习，我所知觉到的只是一棵叶为针状、果为球状、四季常青的显花植物。我们的朋友——画家——什么事都不管，只管审美，他所知觉到的只是一棵苍翠劲拔的古树。我们三人的反应态度也不一致。你心里盘算它是宜于架屋或是制器，思量怎样去买它、砍它、运它。我把它归到某类某科里去，注意它和其他松树的异点，思量它何以活得这样老。我们的朋友却不这样东想西想，他只在聚精会神地观赏它的苍翠的颜色，它的盘屈如龙蛇的线纹以及它的那一般昂然高举、不受屈挠的气概。

从此可知这棵古松并不是一件固定的东西，它的形象随观者的性格和情趣而变化。各人所见到的古松的形象都是各人自己性格和情趣的返照。古松的形象一半是天生的，一半也是人为的。极平常的知觉都带有几分创造性；极客观的东西之中都有几分主观的成分。

美也是如此。有审美的眼睛才能见到美。这棵古松对于我们的画画的朋友是美的，因为他去看它时就抱了美感的态度。你和我如果也想见到它的美，你须得把你那种木商的实用的态度丢开，我须得把植物学家的科学的态度丢开，专持美感的态度去看它。

这三种态度有什么分别呢?

先说实用的态度。做人的第一件大事就是维持生活。既要生活，就要讲究如何利用环境。“环境”包含我自己以外的一切人和物在内，这些人和物有些对于我的生活有益，有些对于我的生活有害，有些对于我不关痛痒。我对于他们于是有爱恶的情感，有趋就或逃避的意志和活动。这就是实用的态度。实用的态度起于实用的知觉，实用的知觉起于经验，小孩子初出世，第一次遇见火就伸手去抓，被它烧痛了，以后他再遇见火，便认识它是什么东西，便明了它是烧痛手指的，火对于他于是有意义。事物本来都是很混乱的，人为便利实用起见，才像被火烧过的小孩子根据经验把四围事物分类立名，说天天吃的东西叫做“饭”，天天穿的东西叫做“衣”，某种人是朋友，某种人是仇敌，于是事物才有所谓“意义”。意义大半都起于实用。在许多人看，衣除了是穿的，饭除了是吃的，女人除了是生小孩的一类意义之外，便寻不出其他意义。所谓“知觉”，就是感官接触某种人或物时心里明了他的意义。明了他的意义起初都只是明了他的实用。明了实用之后，才可以对他起反应动作，或是爱他，或是恶他，或是求他，或是拒他，木商看古松的态度便是如此。

科学的态度则不然。它纯粹是客观的、理论的。所谓客观的态度就是把自己的成见和情感完全丢开，专以“无所为而为”的精神去探求真理。理论是和实用相对的。理论本来可以见诸实用，但是科学家的直接目的却不在于实用。科学家见到一个美人，不说“我要去向她求婚，她可以替我生儿子”，他只说“我看她这人很有趣味，我要来研究她的生理构造，分析她的心理组织”。科学家见到一堆粪，不说“它的气味太坏，我要掩鼻走开”，他只说“这堆粪是一个病人排泄的，我要分析它的化学成分，看看有没有病菌在里面”。科学家自然也有见到美人就求婚，见到粪就掩鼻走开的时候，但是那时候他已经由科学家还到实际人的地位了。科学的态度之中很少有情感和意志，它的最重要的心理活动是抽象的思考。科学家要在这个混乱的世界中寻出事物的关系和条理，纳个物于概念，从原理演个例，分出某者为因，某者为果，某者为特征，某者为偶然性。植物学家看古松的态度便是如此。

木商由古松而想到架屋、制器、赚钱等等，植物学家由古松而想到根茎花叶、日光水分等等，他们的意识都不能停止在古松本身上面。不过把古松当作一块踏脚石，由它跳到和它有关系的种种事物上面去。所以在实用的态度中和科学的态度中，所得到的事物的意象都不是独立的、绝缘的，观者的注意力都不是专注在所观事物本身上面的。注意力的集中，意象的孤立绝缘，便是美感的态度的最大特点。比如我们的画画的朋友看古松，他把全副精神都注在松的本身上面，古松对于他便成了一个独立自足的世界。他忘记他的妻子在家里等柴烧饭，他忘记松树在植物教科书里叫作显花植物，总而言之，古松完全占领住他的意识，古松以外的世界他都视而不见、听而不闻了。他只把古松摆在心眼面前当作一幅画去玩味。他不计较实用，所以心中没有意志和欲念；他不推求关系、条理、因果等等，所以不用抽象的思考。这种脱净意志和抽象思考的心理活动叫做“直觉”，直觉所见到的孤立绝缘的意象叫做“形象”。美感经验就是形象的直觉，美就是事物呈现形象于直觉时的特质。

实用的态度以善为最高目的，科学的态度以真为最高目的，美感的态度以美为最高目的。在实用态度中，我们的注意力偏在事物对于人的利害，心理活动偏重意志；在科学的态度中，我们的注意力偏在事物间的互相关系，心理活动偏重抽象的思考；在美感的态度中，我们的注意力专在事物本身的形象，心理活动偏重直觉。真善美都是人所定的价值，不是事物所本有的特质。离开人的观点而言，事物都浑然无别，善恶、真伪、美丑就漫无意义。真善美都含有若干主观的成分。

就“用”字的狭义说，美是最没有用处的。科学家的目的虽只在辨别真伪，他所得的结果却可效用于人类社会。美的事物如诗文、图画、雕刻、音乐等等都是寒不可以为衣、饥不可以为食的。从实用的观点看，许多艺术家都是太不切实用的人物。然则我们又何必来讲美呢？人性本来是多方的，需要也是多方的。真善美三者俱备才可以算是完全的人。人性中本有饮食欲，渴而无所饮，饥而无所食，固然是一种缺乏；人性中本有求知欲而没有科学的活动，本有美的嗜好而没有美感的活动，也未始不是一种缺乏。真和美的需要也是人生中的一种饥渴——精神上的饥渴。疾病衰老的身体才没有口腹的饥渴。同理，你遇到一个没有精神上的饥渴的人或民族，你可以断定他的心灵已到了疾病衰老的状态。

人所以异于其他动物的就是于饮食男女之外还有更高尚的企求，美就是其中之一。是壶就可以贮茶，何必又求它形式、花样、颜色都要好看呢？吃饱了饭就可以睡觉，何必又呕心血去作诗、画画、奏乐呢？“生命”是与“活动”同义的，活动愈自由，生命也就愈有意义。人的实用的活动全是有所为而为，是受环境需要限制的；人的美感的活动全是“无所为而为”，是环境不需要他活动而他自己愿意去活动的。在“有所为而为”的活动中，人是环境需要的奴隶；在“无所为而为”的活动中，人是自己心灵的主宰。这是单就人说，就物说呢，在实用的和科学的世界中，事物都借着和其他事物发生关系而得意义，在孤立绝缘时都没有意义；但是在美感世界中它却能孤立绝缘，却能在本身现出价值。照这样看，我们可以说，美是事物的最有价值的一面，美感的经验是人生中最有价值的一面。

许多轰轰烈烈的英雄和美人都过去了，许多轰轰烈烈的成功和失败也都过去了，只有艺术作品真正是不朽的。数千年前的《采采卷耳》和《孔雀东南飞》的作者还能在我们心里点燃很强烈的火焰，虽然在当时他们不过是大皇帝脚下的不知名的小百姓。秦始皇并吞六国，统一车书；曹孟德带八十万人马下江东，舳舻千里，旌旗蔽空，这些惊心动魄的成败对于你有什么意义？对于我有什么意义？但是长城和《短歌行》对于我们还是很亲切的，还可以使我们心领神会这些骸骨不存的精神气魄。这几段墙在，这几句诗在，他们永远对于人是亲切的。由此类推，在几千年或是几万年以后看，现在纷纷扰扰的“帝国主义”“反帝国主义”“主席”“代表”“电影明星”之类对于人有什么意义？我们这个时代有类似长城和《短歌行》的纪念坊留给后人，让他们觉得我们也还是很亲切的么？悠悠的过去只是一片漆黑的天空，我们所以还能认识出来这漆黑的天空者，全赖思想家和艺术家所散布的几点星光。朋友，让我们珍重这几点星光！让我们也努力散布几点星光去照耀那和过去一般漆黑的未来！

“当局者迷，旁观者清”

——艺术和实际人生的距离

有几件事实我觉得很有趣味，不知道你有同感没有？

我的寓所后面有一条小河通莱茵河。我在晚间常到那里散步一次，走成了习惯，总是沿东岸去，过桥沿西岸回来。走东岸时我觉得西岸的景物比东岸的美；走西岸时适得其反，东岸的景物又比西岸的美。对岸的草木房屋固然比较这边的美，但是它们又不如河里的倒影。同是一棵树，看它的正身本极平凡，看它的倒影却带有几分另一世界的色彩。我平时又欢喜看烟雾朦胧的远树、大雪笼盖的世界和更深夜静的月景。本来是习见不以为奇的东西，让雾、雪、月盖上一层白纱，便见得很美丽。

北方人初看到西湖，平原人初看到峨眉，虽然审美力薄弱的村夫也惊讶它们是奇景；但在生长在西湖或峨眉的人除了以居近名胜自豪以外，心里往往觉得西湖和峨眉实在也不过如此。新奇的地方都比熟悉的地方美。东方人初到西方，或是西方人初到东方，都往往觉得面前景物件件值得玩味。本地人自以为不合时尚的服装和举动，在外方人看，却往往有一种美的意味。

古董癖也是很奇怪的，一个周朝的铜鼎或是一个汉朝的瓦瓶在当时也不过是盛酒盛肉的日常用具，在现在却变成很稀有的艺术品。固然有些好古董的人是贪它值钱，但是觉得古董实在可玩味的人却不少。我到外国人家去时，主人常欢喜拿一点中国东西给我看。这总不外瓷罗汉、蟒袍、渔樵耕读图之类的装饰品，我看到每每觉得羞涩，而主人却诚心诚意地夸奖它们好看。

种田人常羡慕读书人，读书人也常羡慕种田人。竹篱瓜架旁的黄粱浊酒和朱门大厦中的山珍海鲜，在旁观者所看出来的滋味都比当局者亲口尝出来的好。读陶渊明的诗，我们常觉到农人的生活真是理想的生活，可是农人自己在烈日寒风之中耕作时所尝到的况味，绝不似陶渊明所描写的那样闲逸。

人常是不满意自己的境遇而羡慕他人的境遇，所以俗话说“家花不比野花香”。人对于现在和过去的态度也有同样的分别。本来是很酸辛的遭遇，到后来往往变成很甜美的回忆。我小时在乡下住，早晨看到的是那几座茅屋、几畦田、几排青山，晚上看到的也还是那几座茅屋、几畦田、几排青山，觉得它们真是单调无味，现在回忆起来，却不免有些留恋。

这些经验你一定也注意到的。它们是什么缘故呢?

这全是观点和态度的差别。看倒影，看过去，看旁人的境遇，看稀奇的景物，都好比站在陆地上远看海雾，不受实际的切身的利害牵绊，能安闲自在地玩味目前美妙的景致。看正身，看现在，看自己的境遇，看习见的景物，都好比乘海船遇着海雾，只知它妨碍呼吸，只嫌它耽误程期、预兆危险，没有心思去玩味它的美妙。持实用的态度看事物，它们都只是实际生活的工具或障碍物，都只能引起欲念或嫌恶。要见出事物本身的美，我们一定要从实用世界跳开，以“无所为而为”的精神欣赏它们本身的形象。总而言之，美和实际人生有一个距离，要见出事物本身的美，须把它摆在适当的距离之外去看。

再就上面的实例说，树的倒影何以比正身美呢？它的正身是实用世界中的一片段，它和人发生过许多实用的关系。人一看见它，不免想到它在实用上的意义，发生许多实际生活的联想。它是避风息凉的或是架屋烧火的东西。在散步时我们没有这些需要，所以就觉得它没有趣味。倒影是隔着一个世界的，是幻境的，是与实际人生无直接关联的。我们一看到它，就立刻注意到它的轮廓、线纹和颜色，好比看一幅图画一样。这是形象的直觉，所以是美感的经验。总而言之，正身和实际人生没有距离，倒影和实际人生有距离，美的差别即起于此。

同理，游历新境时最容易见出事物的美。习见的环境都已变成实用的工具。比如我久住在一个城市里面，出门看见一条街就想到朝某方向走是某家酒店，朝某方向走是某家银行；看见了一座房子就想到它是某个朋友的住宅，或是某个总长的衙门。这样的“由盘而之钟”，我的注意力就迁到旁的事物上去，不能专心致志地看这条街或是这座房子究竟像个什么样子。在崭新的环境中，我还没有认识事物的实用的意义，事物还没有变成实用的工具，一条街还只是一条街而不是到某银行或某酒店的指路标，一座房子还只是某颜色某线形的组合而不是私家住宅或是总长衙门，所以我能见出它们本身的美。

一件本来惹人嫌恶的事情，如果你把它推远一点看，往往可以成为很美的意象。卓文君不守寡，私奔司马相如，陪他当垆卖酒。我们现在把这段情史传为佳话。我们读李长吉的“长卿怀茂陵，绿草垂石井。弹琴看文君，春风吹鬓影。”几句诗，觉得它是多么优美的一幅画！但是在当时人看，卓文君失节却是一件秽行丑迹。袁子才尝刻一方“钱塘苏小是乡亲”的印，看他的口吻是多么自豪！但是钱塘苏小究竟是怎样的一个伟人？她原来不过是南朝的一个妓女。和这个妓女同时的人谁肯攀她做“乡亲”呢？当时的人受实际问题的牵绊，不能把这些人物的行为从极繁复的社会信仰和利害观念的圈套中划出来，当作美丽的意象来观赏。我们在时过境迁之后，不受当时的实际问题的牵绊，所以能把它们当作有趣的故事来谈。它们在当时和实际人生的距离太近，到现在则和实际人生距离较远了，好比经过一些年代的老酒，已失去它的原来的辣性，只留下纯淡的滋味。

一般人迫于实际生活的需要，都把利害认得太真，不能站在适当的距离之外去看人生世相，于是这丰富华严的世界，除了可效用于饮食男女的营求之外，便无其他意义。他们一看到瓜就想它是可以摘来吃的，一看到漂亮的女子就起性欲的冲动。他们完全是占有欲的奴隶。花长在园里何尝不可以供欣赏？他们却欢喜把它摘下来挂在自己的襟上或是插在自己的瓶里。一个海边的农夫逢人称赞他的门前海景时，便很羞涩地回过头来指着屋后一园菜说："门前虽没有什么可看的，屋后这一园菜却还不差。"许多人如果不知道周鼎汉瓶是很值钱的古董，我相信他们宁愿要一个不易打烂的铁锅或瓷罐，不愿要那些不能煮饭藏菜的破铜破铁。这些人都是不能在艺术品或自然美和实际人生之中维持一种适当的距离。

艺术家和审美者的本领就在能不让屋后的一园菜压倒门前的海景，不拿盛酒盛菜的标准去估定周鼎汉瓶的价值，不把一条街当作到某酒店和某银行去的指路标。他们能跳开利害的圈套，只聚精会神地观赏事物本身的形象。他们知道在美的事物和实际人生之中维持一种适当的距离。

我说"距离"时总不忘冠上"适当的"三个字，这是要注意的。"距离"可以太过，可以不及。艺术一方面要能使人从实际生活牵绊中解放出来，一方面也要使人能了解、能欣赏，"距离"不及，容易使人回到实用世界，距离太远，又容易使人无法了解欣赏。这个道理可以拿一个浅例来说明。

王渔洋的《秋柳诗》中有两句说："相逢南雁皆愁侣，好语西乌莫夜飞。"在不知道这诗的历史的人看来，这两句诗是漫无意义的，这就是说，它的距离太远，读者不能了解它，所以无法欣赏它。《秋柳诗》原来是悼明亡的，“南雁”是指国亡无所依附的故旧大臣，“西乌”是指有意屈节降清的人物。假使读这两句诗的人自己也是一个“遗老”，他对于这两句诗的情感一定比旁人较能了解。但是他不一定能取欣赏的态度，因为他容易看这两句诗而自伤身世，想到种种实际人生问题上面去，不能把注意力专注在诗的意象上面，这就是说，《秋柳诗》对于他的实际生活距离太近了，容易把他由美感的世界引回到实用的世界。

许多人欢喜从道德的观点来谈文艺，从韩昌黎的“文以载道”说起，一直到现代“革命文学”以文学为宣传的工具止，都是把艺术硬拉回到实用的世界里去。一个乡下人看戏，看见演曹操的角色扮老奸巨猾的样子惟妙惟肖，不觉义愤填胸，提刀跳上舞台，把他杀了。从道德的观点评艺术的人们都有些类似这位杀曹操的乡下佬，义气虽然是义气，无奈是不得其时、不得其地。他们不知道道德是实际人生的规范，而艺术是与实际人生有距离的。

艺术须与实际人生有距离，所以艺术与极端的写实主义不相容。写实主义的理想在妙肖人生和自然，但是艺术如果真正做到妙肖人生和自然的境界，总不免把观者引回到实际人生，使他的注意力旁迁于种种无关美感的问题，不能专心致志地欣赏形象本身的美。比如裸体女子的照片常不免容易刺激性欲，而裸体雕像如《密罗斯爱神》，裸体画像如法国安格尔的《汲泉女》，都只能令人肃然起敬。这是什么缘故呢？这就是因为照片太逼肖自然，容易像实物一样引起人的实用的态度；雕刻和图画都带有若干形式化和理想化，都有几分不自然，所以不易被人误认为实际人生中的一片段。

艺术上有许多地方，乍看起来，似乎不近情理。古希腊和中国旧戏的角色往往戴面具、穿高底鞋，表演时用歌唱的声调，不像平常说话。埃及雕刻对于人体加以抽象化，往往千篇一律。波斯图案画把人物的肢体加以不自然的扭曲，中世纪“哥特式”诸大教寺的雕像把人物的肢体加以不自然的延长。中国和西方古代的画都不用远近阴影。这种艺术上的形式化往往遭浅人唾骂，它固然时有流弊，其实也含有至理。这些风格的创始者都未尝不知道它不自然，但是他们的目的正在使艺术和自然之中有一种距离。说话不押韵，不论平仄，作诗却要押韵，要论平仄，道理也是如此。艺术本来是弥补人生和自然缺陷的。如果艺术的最高目的仅在妙肖人生和自然，我们既已有人生和自然了，又何取乎艺术呢？

艺术都是主观的，都是作者情感的流露，但是它一定要经过几分客观化。艺术都要有情感，但是只有情感不一定就有艺术。许多人本来是笨伯而自信是可能的诗人或艺术家。他们常埋怨道：“可惜我不是一个文学家，否则我的生平可以写成一部很好的小说。”富于艺术材料的生活何以不能产生艺术呢？

艺术所用的情感并不是生糙的而是经过反省的。蔡琰在丢开亲生子回国时决写不出《悲愤诗》，杜甫在“入门闻号咷，幼子饥已卒”时决写不出《奉先咏怀》诗。《悲愤诗》和《奉先咏怀》诗都是“痛定思痛”的结果。艺术家在写切身的情感时，都不能同时在这种情感中过活，必定把它加以客观化，必定由站在主位的尝受者退为站在客位的观赏者。一般人不能把切身的经验放在一种距离以外去看，所以情感尽管深刻，经验尽管丰富，终不能创造艺术。

“子非鱼，安知鱼之乐？”

——宇宙的人情化

庄子与惠子游于濠梁之上。

庄子曰：“鲦鱼出游从容，是鱼乐也！”

惠子曰：“子非鱼，安知鱼之乐？”

庄子曰：“子非我，安知我不知鱼之乐？”

这是《庄子·秋水》篇里的一段故事，是你平时所欢喜玩味的。我现在借这段故事来说明美感经验中的一个极有趣味的道理。

我们通常都有“以己度人”的脾气，因为有这个脾气，对于自己以外的人和物才能了解。严格地说，各个人都只能直接地了解他自己，都只能知道自己处某种境地、有某种知觉、生某种情感。至于知道旁人旁物处某种境地、有某种知觉、生某种情感时，则是凭自己的经验推测出来的。比如我知道自己在笑时心里欢喜，在哭时心里悲痛，看到旁人笑也就以为他心里欢喜，看见旁人哭也以为他心里悲痛。我知道旁人旁物的知觉和情感如何，都是拿自己的知觉和情感来比拟的。我只知道自己，我知道旁人旁物时是把旁人旁物看成自己，或是把自己推到旁人旁物的地位。庄子看到鲦鱼"出游从容"便觉得它乐，因为他自己对于"出游从容"的滋味是有经验的。人与人，人与物，都有共同之点，所以他们都有互相感通之点。假如庄子不是鱼就无从知鱼之乐，每个人就要各成孤立世界，和其他人物都隔着一层密不通风的墙壁，人与人以及人与物之中便无心灵交通的可能了。

这种"推己及物""设身处地"的心理活动不尽是有意的、出于理智的，所以它往往发生幻觉。鱼没有反省的意识，是否能够像人一样"乐"，这种问题大概在庄子时代的动物心理学也还没有解决，而庄子硬拿"乐"字来形容鱼的心境，其实不过把他自己的"乐"的心境外射到鱼的身上罢了，他的话未必有科学的谨严与精确。我们知觉外物，常把自己所得的感觉外射到物的本身上去，把它误认为物所固有的属性，于是本来在我的就变成在物的了。比如我们说"花是红的"时，是把红看作花所固有的属性，好像是以为纵使没有人去知觉它，它也还是在那里。其实花本身只有使人觉到红的可能性，至于红却是视觉的结果。红是长度为若干的光波射到眼球网膜上所生的印象。如果光波长一点或是短一点，眼球网膜的构造换一个样子，红的色觉便不会发生。患色盲的人根本就不能辨别红色，就是眼睛健全的人在薄暮光线暗淡时也不能把红色和绿色分得清楚，从此可知，严格地说，我们只能说“我觉得花是红的”。我们通常都把“我觉得”三字略去而直说“花是红的”，于是在我的感觉遂被误认为在物的属性了。日常对于外物的知觉都可作如是观。“天气冷”其实只是“我觉得天气冷”，鱼也许和我不一致；“石头太沉重”其实只是“我觉得它太沉重”，大力士或许还嫌它太轻。

云何尝能飞？泉何尝能跃？我们却常说云飞泉跃。山何尝能鸣？谷何尝能应？我们却常说山鸣谷应。在说云飞泉跃、山鸣谷应时，我们比说花红石头重，又更进一层了。原来我们只把在我的感觉误认为在物的属性，现在我们却把无生气的东西看成有生气的东西，把它们看作我们的侪辈，觉得它们也有性格，也有情感，也能活动。这两种说话的方法虽不同，道理却是一样，都是根据自己的经验来了解外物。这种心理活动通常叫做“移情作用”。

“移情作用”是把自己的情感移到外物身上去，仿佛觉得外物也有同样的情感。这是一个极普遍的经验。自己在欢喜时，大地山河都在扬眉带笑；自己在悲伤时，风云花鸟都在叹气凝愁。惜别时蜡烛可以垂泪，兴到时青山亦觉点头。柳絮有时“轻狂”，晚峰有时“清苦”。陶渊明何以爱菊呢？因为他在傲霜残枝中见出孤臣的劲节；林和靖何以爱梅呢？因为他在暗香疏影中见出隐者的高标。[①]

① 见图七、图八。——编者注

从这几个实例看，我们可以看出移情作用是和美感经验有密切关系的。移情作用不一定就是美感经验，而美感经验却常含有移情作用。美感经验中的移情作用不单是由我及物的，同时也是由物及我的；它不仅把我的性格和情感移注于物，同时也把物的姿态吸收于我。所谓美感经验，其实不过是在聚精会神之中，我的情趣和物的情趣往复回流而已。

姑先说欣赏自然美。比如我在观赏一棵古松，我的心境是什么样状态呢？我的注意力完全集中在古松本身的形象上，我的意识之中除了古松的意象之外，一无所有。在这个时候，我的实用的意志和科学的思考都完全失其作用，我没有心思去分别我是我而古松是古松。古松的形象引起清风亮节的类似联想，我心中便隐约觉到清风亮节所常伴着的情感。因为我忘记古松和我是两件事，我就于无意之中把这种清风亮节的气概移置古松上面去，仿佛古松原来就有这种性格。同时我又不知不觉地受古松的这种性格影响，自己也振作起来，模仿它那一副苍老劲拔的姿态。所以古松俨然变成一个人，人也俨然变成一棵古松。真正的美感经验都是如此，都要达到物我同一的境界；在物我同一的境界中，移情作用最容易发生，因为我们根本就不分辨所生的情感到底是属于我还是属于物的。

再说欣赏艺术美，比如说听音乐。我们常觉得某种乐调快活，某种乐调悲伤。乐调自身本来只有高低、长短、急缓、洪纤的分别，而不能有快乐和悲伤的分别。换句话说，乐调只能有物理而不能有人情。我们何以觉得这本来只有物理的东西居然有人情呢？这也是由于移情作用。这里的移情作用是如何起来的呢？音乐的命脉在节奏。节奏就是长短、高低、急缓、洪纤相继承的关系。这些关系前后不同，听者所费的心力和所用的心的活动也不一致。因此听者心中自起一种节奏和音乐的节奏相平行。听一曲高而缓的调子，心力也随之作一种高而缓的活动；听一曲低而急的调子，心力也随之作一种低而急的活动。这种高而缓或是低而急的心力活动，常蔓延浸润到全部心境，使它变成和高而缓的活动或是低而急的活动相同调，于是听者心中遂感觉一种欢欣鼓舞或是抑郁凄恻的情调。这种情调本来属于听者，在聚精会神之中，他把这种情调外射出去，于是音乐也就有快乐和悲伤的分别了。

再比如说书法。书法在中国向来自成艺术，和图画有同等的身份，近来才有人怀疑它是否可以列于艺术，这般人大概是看到西方艺术史中向来不留位置给书法，所以觉得中国人看重书法有些离奇。其实书法可列于艺术，是无可置疑的。它可以表现性格和情趣。颜鲁公的字就像颜鲁公，赵孟頫的字就像赵孟頫。所以字也可以说是抒情的，不但是抒情的，而且是可以引起移情作用的。横直钩点等等笔画原来是墨涂的痕迹，它们不是高人雅士，原来没有什么“骨力”“姿态”“神韵”和“气魄”。但是在名家书法中我们常觉到“骨力”“姿态”“神韵”和“气魄”。我们说柳公权的字“劲拔”，赵孟頫的字“秀媚”，这都是把墨涂的痕迹看作有生气有性格的东西，都是把字在心中所引起的意象移到字的本身上面去。

移情作用往往带有无意的模仿。我在看颜鲁公的字[①]时，仿佛对着巍峨的高峰，不知不觉地耸肩聚眉，全身的筋肉都紧张起来，模仿它的严肃；我在看赵孟頫的字时，仿佛对着临风荡漾的柳条，不知不觉地展颐摆腰，全身的筋肉都松懈起来，模仿它的秀媚。从心理学看，这本来不是奇事。凡是观念都有实现于运动的倾向。念到跳舞时脚往往不自主地跳动，念到“山”字时口舌往往不由自主地说出“山”字。通常观念往往不能实现于动作者，由于同时有反对的观念阻止它。同时念到打球又念到泅水，则既不能打球，又不能泅水。如果心中只有一个观念，没有旁的观念和它对敌，则它常自动地现于运动。聚精会神看赛跑时，自己也往往不知不觉地弯起胳膊动起脚来，便是一个好例。在美感经验之中，注意力都是集中在一个意象上面，所以极容易起模仿的运动。

移情的现象可以称为“宇宙的人情化”，因为有移情作用然后本来只有物理的东西可具人情，本来无生气的东西可有生气。从理智观点看，移情作用是一种错觉，是一种迷信。但是如果把它勾销，不但艺术无由产生，即宗教也无由出现。艺术和宗教都是把宇宙加以生气化和人情化，把人和物的距离以及人和神的距离都缩小。它们都带有若干神秘主义的色彩。所谓

① 见图十。——编者注

神秘主义其实并没有什么神秘，不过是在寻常事物之中见出不寻常的意义。这仍然是移情作用。从一草一木之中见出生气和人情以至于极玄奥的泛神主义，深浅程度虽有不同，道理却是一样。

美感经验既是人的情趣和物的姿态的往复回流，我们可以从这个前提中抽出两个结论来：

一、物的形象是人的情趣的返照。物的意蕴深浅和人的性分密切相关。深人所见于物者亦深，浅人所见于物者亦浅。比如一朵含露的花，在这个人看来只是一朵平常的花，在那个人看或以为它含泪凝愁，在另一个人看或以为它能象征人生和宇宙的妙谛。一朵花如此，一切事物也是如此。因我把自己的意蕴和情趣移于物，物才能呈现我所见到的形象。我们可以说，各人的世界都由各人的自我伸张而成，欣赏中都含有几分创造性。

二、人不但移情于物，还要吸收物的姿态于自我，还要不知不觉地模仿物的形象。所以美感经验的直接目的虽不在陶冶性情，而却有陶冶性情的功效。心里印着美的意象，常受美的意象浸润，自然也可以少存些浊念。苏东坡诗说：“宁可食无肉，不可居无竹；无肉令人瘦，无竹令人俗。”竹不过是美的形象之一种，一切美的事物都有不令人俗的功效。

希腊女神雕像和血色鲜丽的英国姑娘

——美感与快感

我在以上三章所说的话都是回答“美感是什么”一个问题。我们说过，美感起于形象的直觉。它有两个要素：

一、目前意象和实际人生之中有一种适当的距离。我们只观赏这种孤立绝缘的意象，一不问它和其他事物的关系如何，二不问它对于人的效用如何。思考和欲念都暂时失其作用。

二、在观赏这种意象时，我们处于聚精会神以至于物我两忘的境界，所以于无意之中以我的情趣移注于物，以物的姿态移注于我。这是一种极自由的（因为是不受实用目的牵绊的）活动，说它是欣赏也可，说它是创造也可，美就是这种活动的产品，不是天生现成的。

这是我们的立脚点。在这个立脚点上站稳，我们可以打倒许多关于美感的误解。在以下两三章里我要说明美感不是许多人所想象的那么一回事。

我们第一步先打倒享乐主义的美学。

“美”字是不要本钱的，喝一杯滋味好的酒，你称赞它

"美"，看见一朵颜色很鲜明的花，你称赞它"美"，碰见一位年轻姑娘，你称赞她"美"，读一首诗或是看一座雕像，你也还是称赞它"美"。这些经验显然不尽是一致的。究竟什么样才算"美"呢？一般人虽然不知道什么叫做"美"，但是都知道什么样就是愉快。拿一幅画给一个小孩子或是未受艺术教育的人看，征求他的意见，他总是说"很好看"。如果追问他"它何以好看？"他不外是回答说："我欢喜看它，看了它就觉得很愉快。"通常人所谓"美"大半就是指"好看"，指"愉快"。

不仅是普通人如此，许多声名煊赫的文艺批评家也把美感和快感混为一件事。英国十九世纪有一位学者叫做罗斯金，他著过几十册书谈建筑和图画，就曾经很坦白地告诉人说："我从来没有看见过一座希腊女神雕像，有一位血色鲜丽的英国姑娘的一半美。"从愉快的标准看，血色鲜丽的姑娘引诱力自然是比女神雕像的大；但是你觉得一位姑娘"美"和你觉得一座女神雕像"美"时是否相同呢？《红楼梦》里的刘姥姥想来不一定有什么风韵，虽然不能邀罗斯金的青眼，在艺术上却仍不失其为美。一个很漂亮的姑娘同时做许多画家的"模特儿"，可是她的画像在一百张之中不一定有一张比得上伦勃朗（荷兰人物画家）的"老太婆"[①]。英国姑娘的"美"和希腊女神雕像的"美"显然是两件事，一个是只能引起快感的，一个是只能引起美感的。罗斯金的错误在把英国姑娘的引诱性做"美"的标

① 见图十二。——编者注

准，去测量艺术作品。艺术是另一世界里的东西，对于实际人生没有引诱性，所以他以为比不上血色鲜丽的英国姑娘。

美感和快感究竟有什么分别呢？有些人见到快感不尽是美感，替它们勉强定一个分别来，却又往往不符事实。英国有一派主张“享乐主义”的美学家就是如此。他们所见到的分别彼此又不一致。有人说耳、目是“高等感官”，其余鼻、舌、皮肤、筋肉等等都是“低等感官”，只有“高等感官”可以尝到美感而“低等感官”则只能尝到快感。有人说引起美感的东西可以同时引起许多人的美感，引起快感的东西则对于这个人引起快感，对于那个人或引起不快感。美感有普遍性，快感没有普遍性。这些学说在历史上都发生过影响，如果分析起来，都是一钱不值。拿什么标准说耳、目是“高等感官”？耳、目得来的有些是美感，有些也只是快感，我们如何去分别？“客去茶香余舌本”“冰肌玉骨，自清凉无汗”等名句是否与“低等感官”不能得美感之说相容？至于普遍不普遍的话更不足为凭。口腹有同嗜而艺术趣味却往往随人而异。陈年花雕是吃酒的人大半都称赞它美的，一般人却不能欣赏后期印象派的图画。我曾经听过一位很时髦的英国老太婆说道：“我从来没有见过比金字塔再拙劣的东西。”

从我们的立脚点看，美感和快感是很容易分别的。美感与实用活动无关，而快感则起于实际要求的满足。口渴时要喝水，喝了水就觉到快感；腹饥时要吃饭，吃了饭也就觉到快感。喝美酒所得的快感由于味感得到所需要的刺激，和饱食暖衣的快感同为实用的，并不是起于"无所为而为"的形象的观赏。至于看血色鲜丽的姑娘，可以生美感也可以不生美感。如果你觉得她是可爱的，给你做妻子你还不讨厌她，你所谓"美"就只是指合于满足性欲需要的条件，"美人"就只是指对于异性有引诱力的女子。如果你见了她不起性欲的冲动，只把她当作线纹匀称的形象看，那就和欣赏雕像或画像一样了。美感的态度不带意志，所以不带占有欲。在实际上性欲本能是一种最强烈的本能，看见血色鲜丽的姑娘而能"心如古井"地不动，只一味欣赏曲线美，是一般人所难能的。所以就美感说，罗斯金所称赞的血色鲜丽的英国姑娘对于实际人生距离太近，不一定比希腊女神雕像的价值高。

谈到这里，我们可以顺便地说一说弗洛伊德派心理学在文艺上的应用。大家都知道，弗洛伊德把文艺都认为性欲的表现。性欲是最原始最强烈的本能，在文明社会里，它受道德、法律种种社会的牵制，不能得充分的满足，于是被压抑到"隐意识"里去成为"情意综"。但是这种被压抑的欲望还是要偷空子化装求满足。文艺和梦一样，都是欲望戴着假面具逃开意识的检查。举一个例来说，男子通常都特别爱母亲，女子通常都特别爱父亲。依弗洛伊德看，这就是性爱。这种性爱是反乎道德、法律的，所以被压抑下去，在男子则成"俄狄浦斯情意综"，在女子则成"厄勒克特拉情意综"。这两个奇怪的名词是怎样讲呢？俄狄浦斯原来是古希腊的一个王子，曾于无意中弑父娶母，所以他可以象征子对于母的性爱。厄勒克特拉是古希腊的一个公主，她的母亲爱了一个男子，把丈夫杀了，她怂恿她的兄弟把母亲杀了，替父亲报仇，所以她可以象征女对于父的性爱。在许多民族的神话里面，伟大的人物都有母而无父，耶稣和孔子就是著例，耶稣是上帝授胎的，孔子之母祷于尼丘而生孔子。在弗洛伊德派学者看，这都是“俄狄浦斯情意综”的表现。许多文艺作品都可以用这种眼光来看，都是被压抑的性欲因化装而得满足。

依这番话看，弗洛伊德的文艺观还是要纳到享乐主义里去，他自己就常欢喜用“快感原则”一个名词。在我们看，他的毛病也在把快感和美感混起，把艺术的需要和实际人生的需要混起。美感经验的特点在“无所为而为”地观赏形象。在创造或欣赏的一刹那中，我们不能仍然在所表现的情感里过活，一定要站在客位把这种情感当一幅意象去观赏。如果作者写性爱小说，读者看性爱小说，都是为着满足自己的性欲，那就无异于为着饥而吃饭，为着冷而穿衣，只是实用的活动而不是美感的活动了。文艺的内容尽管有关性欲，可是我们在创造或欣赏时却不能同时受性欲冲动的驱遣，须站在客位把它当作形象看。世间自然也有许多人欢喜看淫秽的小说去刺激性欲或是满足性欲，但是他们所得的并不是美感。弗洛伊德派的学者的错处不在主张文艺常是满足性欲的工具，而在把这种满足认为美感。

美感经验是直觉的而不是反省的。在聚精会神之中我们既忘去自我，自然不能觉到我是否欢喜所观赏的形象，或是反省这形象所引起的是不是快感。我们对于一件艺术作品欣赏的浓度愈大，就愈不觉自己是在欣赏它，愈不觉到所生的感觉是愉快的。如果自己觉到快感，我便是由直觉变而为反省，好比提灯寻影，灯到影灭，美感的态度便已失去了。美感所伴的快感，在当时都不觉得，到过后才回忆起来。比如读一首诗或是看一幕戏，当时我们只是心领神会，无暇他及，后来回想，才觉得这一番经验很愉快。

这个道理一经说破，本来很容易了解。但是许多人因为不明白这个很浅显的道理，遂走上迷路。近来德国和美国有许多研究“实验美学”的人就是如此。他们拿一些颜色、线形或是音调来请受验者比较，问他们欢喜哪一种，讨厌哪一种，然后作出统计来，说某种颜色是最美的，某种线形是最丑的。独立的颜色和画中的颜色本来不可相提并论。在艺术上部分之和并不等于全体，而且最易引起快感的东西也不一定就美。他们的错误是很显然的。

“记得绿罗裙，处处怜芳草”

——美感与联想

美感与快感之外，还有一个更易惹误解的纠纷问题，就是美感与联想。

什么叫做联想呢？联想就是见到甲而想到乙。甲唤起乙的联想通常不外起于两种原因：或是甲和乙在性质上相类似，例如看到春光想起少年，看到菊花想起节士；或是甲和乙在经验上曾相接近，例如看到扇子想起萤火虫，走到赤壁想起曹孟德或苏东坡。类似联想和接近联想有时混在一起，牛希济的“记得绿罗裙，处处怜芳草”两句词就是好例。词中主人何以“记得绿罗裙”呢？因为罗裙和他的欢爱者相接近，他何以“处处怜芳草”呢？因为芳草和罗裙的颜色相类似。

意识在活动时就是联想在进行，所以我们差不多时时刻刻都在起联想。听到声音知道说话的是谁，见到一个字知道它的意义，都是起于联想作用。联想是以旧经验诠释新经验，如果没有它，知觉、记忆和想象都不能发生，因为它们都根据过去的经验。从此可知联想为用之广。

联想有时可以意志控制，作文构思时或追忆一时记不起的过去经验时，都是勉强把联想挤到一条路上去走。但是在大多数情境之中，联想是自由的、无意的、飘忽不定的。听课读书时本想专心，而打球、散步、吃饭、邻家的猫儿种种意象总是不由你自主地闯进脑里来，失眠时越怕胡思乱想，越禁止不住胡思乱想。这种自由联想好比水流湿、火就燥，稍有勾搭，即被牵绊，未登九天，已入黄泉。比如我现在从“火”字出发，就想到红、石榴、家里的天井、浮山、雷鲤的诗、鲤鱼、孔夫子的儿子等等，这个联想线索前后相承，虽有关系可寻，但是这些关系都是偶然的。我的“火”字的联想线索如此，换一个人或是我自己在另一时境，“火”字的联想线索却另是一样。从此可知联想的散漫飘忽。

联想的性质如此。多数人觉得一件事物美时，都是因为它能唤起甜美的联想。

在“记得绿罗裙，处处怜芳草”的人看，芳草是很美的。颜色心理学中有许多同类的事实。许多人对于颜色都有所偏好，有人偏好红色，有人偏好青色，有人偏好白色。据一派心理学家说，这都是由于联想作用。例如红是火的颜色，所以看到红色可以使人觉得温暖；青是田园草木的颜色，所以看到青色可以使人想到乡村生活的安闲。许多小孩子和乡下人看画，都只是欢喜它的花红柳绿的颜色。有些人看画，欢喜它里面的故事，乡下人欢喜把孟姜女、薛仁贵、《桃园三结义》的图糊在壁上做装饰，并不是因为那些木板雕刻的图好看，是因为它们可以提起许多有趣故事的联想。这种脾气并不只是乡下人才有。我每次陪朋友们到画馆里去看画，见到他们所特别注意的第一是几张有声名的画，第二是有历史性的作品如耶稣临刑图、拿破仑结婚图之类，像伦勃朗所画的老太公、老太婆和后期印象派的山水风景之类的作品，他们却不屑一顾。此外又有些人看画（和看一切其他艺术作品一样），偏重它所含的道德教训。理学先生看到裸体雕像或画像，都不免起若干嫌恶。记得詹姆斯在他的某一部书里说过有一次见过一位老修道妇，站在一幅耶稣临刑图面前合掌仰视，悠然神往。旁边人问她那幅画何如，她回答说："美极了，你看上帝是多么仁慈，让自己的儿子被牺牲，来赎人类的罪孽！"

在音乐方面，联想的势力更大。多数人在听音乐时，除了联想到许多美丽的意象之外，便别无所得。他们欢喜这个调子，因为它使他们想起清风明月；不欢喜那个调子，因为它唤醒他们以往的悲痛的记忆。钟子期何以负知音的雅名？他听伯牙弹琴时，惊叹说："善哉！峨峨兮若泰山，洋洋兮若江河。"李颀在胡笳声中听到什么？他听到的是"空山百鸟散还合，万里浮云阴且晴"。白乐天在琵琶声中听到什么？他听到的是"银瓶乍破水浆迸，铁骑突出刀枪鸣"。苏东坡怎样形容洞箫？他说："其声呜呜然，如怨如慕，如泣如诉。余音袅袅，不绝如缕。舞幽谷之潜蛟，泣孤舟之嫠妇。"这些数不尽的例子都可以证明多数人欣赏音乐，都是欣赏它所唤起的联想。

联想所伴的快感是不是美感呢?

历来学者对于这个问题可分两派，一派的答案是肯定的，一派的答案是否定的。这个争辩就是在文艺思潮史中闹得很凶的形式和内容的争辩。依内容派说，文艺是表现情思的，所以文艺的价值要看它的情思内容如何而决定。第一流文艺作品都必有高深的思想和真挚的情感。这句话本来是不可辩驳的。但是侧重内容的人往往从这个基本原理抽出两个其他的结论，第一个结论是题材的重要。所谓题材就是情节。他们以为有些情节能唤起美丽堂皇的联想，有些情节只能唤起丑陋凡庸的联想。比如做史诗和悲剧，只应采取英雄为主角，不应采取愚夫愚妇。第二个结论就是文艺应含有道德的教训。读者所生的联想既随作品内容为转移，则作者应设法把读者引到正经路上去。不要用淫秽卑鄙的情节摇动他的邪思。这些学说发源较早，它们的影响到现在还是很大。从前人所谓“思无邪”“言之有物”“文以载道”，现在人所谓“哲理诗”“宗教艺术”“革命文学”等等，都是侧重文艺的内容和文艺的无关美感的功效。

这种主张在近代颇受形式派的攻击，形式派的标语是“为艺术而艺术”。他们说，两个画家同用一个模特儿，所成的画价值有高低；两个文学家同用一个故事，所成的诗文意蕴有深浅。许多大学问家、大道德家都没有成为艺术家，许多艺术家并不是大学问家、大道德家。从此可知艺术之所以为艺术，不在内容而在形式。如果你不是艺术家，纵有极好的内容，也不能产生好作品出来；反之，如果你是艺术家，极平庸的东西经过灵心妙运点铁成金之后，也可以成为极好的作品。印象派大师如莫奈、梵高诸人不是往往在一张椅子或是几间破屋之中表现一个情深意永的世界出来么？这一派学说到近代才逐渐占势力。在文学方面的浪漫主义，在图画方面的印象主义，尤其是后期印象主义，在音乐方面的形式主义，都是看轻内容的。单拿图画来说，一般人看画，都先问里面画的是什么，是怎样的人物或是怎样的故事。这些东西在术语上叫做“表意的成分”。近代有许多画家就根本反对画中有任何“表意的成分”。看到一幅画，他们只注意它的颜色、线纹和阴影，不问它里面有什么意义或是什么故事。假如你看到这派的作品，你起初只望见许多颜色凑合在一起，须费过一番审视和猜度，才知道所画的是房子或是崖石。这一派人是最反对杂联想于美感的。

这两派的学说都持之有故，言之成理，我们究竟何去何从呢？我们否认艺术的内容和形式可以分开来讲（这个道理以后还要谈到），不过关于美感与联想这个问题，我们赞成形式派的主张。

就广义说，联想是知觉和想象的基础，艺术不能离开知觉和想象，就不能离开联想。但是我们通常所谓联想，是指由甲而乙，由乙而丙，辗转不止的乱想。就这个普通的意义说，联想是妨碍美感的。美感起于直觉，不带思考，联想却不免带有思考。在美感经验中我们聚精会神于一个孤立绝缘的意象上面，联想则最易使精神涣散，注意力不专一，使心思由美感的意象旁迁到许多无关美感的事物上面去。在审美时我看到芳草就一心一意地领略芳草的情趣；在联想时我看到芳草就想到罗裙，又想到穿罗裙的美人，既想到穿罗裙的美人，心思就已不复在芳草了。

联想大半是偶然的。比如说，一幅画的内容是“西湖秋月”，如果观者不聚精会神于画的本身而信任联想，则甲可以联想到雷峰塔，乙可以联想到往日同游西湖的美人，这些联想纵然有时能提高观者对于这幅画的好感，画本身的美却未必因此而增加，而画所引起的美感则反因精神涣散而减少。

知道这番道理，我们就可以知道许多通常被认为美感的经验其实并非美感了。假如你是武昌人，你也许特别欢喜崔颢的《黄鹤楼》诗；假如你是陶渊明的后裔，你也许特别欢喜《陶集》；假如你是道德家，你也许特别欢喜《打鼓骂曹》的戏或是韩退之的《原道》；假如你是古董贩，你也许特别欢喜河南新出土的龟甲文或是敦煌石室里面的壁画；假如你知道达·芬奇的声名大，你也许特别欢喜他的《蒙娜丽莎》。这都是自然的倾向，但是这都不是美感，都是持实际人的态度，在艺术本身以外求它的价值。

“灵魂在杰作中的冒险”

——考证、批评与欣赏

把快感认为美感，把联想认为美感，是一般人的误解，此外还有一种误解是学者们所特有的，就是把考证和批评认为欣赏。

在这里我不妨稍说说自己的经验。我自幼就很爱好文学。在我所谓“爱好文学”，就是欢喜哼哼有趣味的诗词和文章。后来到外国大学读书，就顺本来的偏好，决定研究文学。在我当初所谓“研究文学”，原来不过是多哼哼有趣味的诗词和文章。我以为那些外国大学的名教授可以告诉我哪些作品有趣味，并且向我解释它们何以有趣味的道理。我当时隐隐约约地觉得这门学问叫做“文学批评”，所以在大学里就偏重“文学批评”方面的功课。哪知道我费过五六年的功夫，所领教的几乎完全不是我原来所想望的。

比如拿莎士比亚这门功课来说，教授在讲堂上讲些什么呢？现在英国，学者最重“版本的批评”。他们整年地讲莎士比亚的某部剧本在某一年印第一次“四折本”，某一年印第一次“对折本”，“四折本”和“对折本”有几次翻印，某一个字在第一次“四折本”怎样写，后来在“对折本”里又改成什么样，某一段在某版本里为阙文，某一个字是后来某个编辑者校改的。在我只略举几点已经就够使你看得不耐烦了，试想他们费毕生的精力做这种勾当！

自然他们不仅讲这一样，他们也很重视“来源”的研究。研究“来源”的问些什么问题呢？莎士比亚大概读过些什么书？他是否懂得希腊文？他的《哈姆雷特》一部戏是根据哪些书？这些书他读时是用原文还是用译本？他的剧中情节和史实有哪几点不符？为着要解决这些问题，学者们个个在埋头于灰封虫咬的向来没有人过问的旧书堆中，寻求他们的所谓“证据”。

此外他们也很重视“作者的生平”。莎士比亚生前操什么职业？几岁到伦敦当戏子？他少年偷鹿的谣传是否确实？他的十四行诗里所说的“黑姑娘”究竟是谁？“哈姆雷特”是否是莎士比亚现身说法？当时伦敦有几家戏院？他和这些戏院和同行戏子的关系如何？他死时的遗嘱能否见出他和他的妻子的情感？为着这些问题，学者跑到法庭里翻几百年前的文案，跑到官书局查几百年前的书籍登记簿，甚至于跑到几座古老的学校去看看墙壁上和板凳上有没有或许是莎士比亚划的简笔姓名。他们如果寻到片纸只字，就以为是至宝。

这三种功夫合在一块讲，就是中国人所说的“考据学”。我的讲莎士比亚的教师除了这种考据学以外，自己不做其他的功夫，对于我们学生们也只讲他所研究的那一套，至于剧本本身，他只让我们凭我们自己的能力去读，能欣赏也好，不能欣赏也好，他是不过问的，像他这一类的学者在中国向来就很多，近来似乎更时髦。许多人是把“研究文学”和“整理国故”当作一回事。从美学观点来说，我们对于这种考据的工作应该发生何种感想呢？

考据所得的是历史的知识。历史的知识可以帮助欣赏而却不是欣赏本身。欣赏之前要有了解。了解是欣赏的预备，欣赏是了解的成熟。只就欣赏说，版本、来源以及作者的生平都是题外事，因为美感经验全在欣赏形象本身，注意到这些问题，就是离开形象本身。但是就了解说，这些历史的知识却非常重要。例如要了解曹子建的《洛神赋》，就不能不知道他和甄后的关系；要欣赏陶渊明的《饮酒》诗，就不能不先考定原本中到底是“悠然望南山”还是“悠然见南山”。

了解和欣赏是互相补充的。未了解决不足以言欣赏，所以考据学是基本的功夫。但是只了解而不能欣赏，则只是做到史学的功夫，却没有走进文艺的领域。一般富于考据癖的学者通常都不免犯两种错误。第一种错误就是穿凿附会。他们以为作者一字一划都有来历，于是拉史实来附会它。他们不知道艺术是创造的，虽然可以受史实的影响，却不必完全受史实的支配。《红楼梦》一部书有多少“考证”和“索隐”？它的主人究竟是纳兰性德，是清朝某个皇帝，还是曹雪芹自己？“红学”家大半都忘记艺术生于创造的想象，不必实有其事。考据家的第二种错误在因考据而忘欣赏。他们既然把作品的史实考证出来之后，便以为能事已尽，而不进一步去玩味玩味。他们好比食品化学专家，把一席菜的来源、成分以及烹调方法研究得有条有理之后，便袖手旁观，不肯染指。就我个人说呢，我是一个饕餮汉，对于这班考据家的苦心孤诣虽是十二分的敬佩和感激，我自己却不肯学他们那样“斯文”，我以为最要紧的事还是伸箸把菜取到口里来咀嚼，领略领略它的滋味。

在考据学者们自己看，考据就是一种批评。但是一般人所谓批评，意义实不仅如此。所以我当初想望研究文学批评，而教师却只对我讲版本来源种种问题，我很惊讶，很失望。普通意义的批评究竟是什么呢？这也并没有定准，向来批评学者有派别的不同，所认到的批评的意义也不一致。我们把他们区分起来，可以得四大类。

第一类批评学者自居“导师”的地位。他们对于各种艺术先抱有一种理想而自己却无能力把它实现于创作，于是拿这个理想来期望旁人。他们欢喜向创作家发号施令，说小说应该怎样做，说诗要用音韵或是不要用音韵，说悲剧应该用伟大人物的材料，说文艺要含有道德的教训，如此等类的教条不一而足。他们以为创作家只要遵守这些教条，就可以做出好作品来。坊间所流行的《诗学法程》《小说作法》《作文法》等等书籍的作者都属于这一类。

第二类批评学者自居“法官”地位。“法官”要有“法”，所谓“法”便是“纪律”。这班人心中预存几条纪律，然后以这些纪律来衡量一切作品，和它们相符合的就是美，违背它们的就是丑。这种“法官”式的批评家和上文所说的“导师”式的批评家常合在一起。他们最好的代表是欧洲假古典主义的批评家。“古典”是指古希腊和罗马的名著，“古典主义”就是这些名著所表现的特殊风格，“假古典主义”就是要把这种特殊风格定为“纪律”让创作家来模仿。处“导师”的地位，这派批评家向创作家发号施令说：“从古人的作品中我们抽绎出这几条纪律，你要谨遵无违，才有成功的希望！”处“法官”的地位，他们向创作家下批语说：“亚里士多德明明说过坏人不能做悲剧主角，你莎士比亚何以要用一个杀皇帝的麦克白？作诗用字忌俚俗，你在麦克白的独语中用‘刀’字，刀是屠户和厨夫的用具，拿来杀皇帝，岂不太损尊严，不合纪律？”（“刀”字的批评出诸约翰逊，不是我的杜撰。）这种批评的价值是很小的。文艺是创造的，谁能拿死纪律来范围活作品？谁读《诗歌作法》如法炮制而做成好诗歌？

第三类批评学者自居“舌人”的地位。“舌人”的功用在把外乡话翻译为本地话，叫人能懂得。站在“舌人”的地位的批评家说：“我不敢发号施令，我也不敢判断是非，我只把作者的性格、时代和环境以及作品的意义解剖出来，让欣赏者看到易于明了。”这一类批评家又可细分为两种。一种如法国的圣伯夫，以自然科学的方法去研究作者的心理，看他的作品与个性、时代和环境有什么关系。一种为注疏家和上文所说的考据家，专以追溯来源、考订字句和解释意义为职务。这两种批评家的功用在帮助了解，他们的价值我们在上文已经说过的。

第四类就是近代在法国闹得很久的印象主义的批评。属于这类的学者所居的地位可以说是“饕餮者”的地位。“饕餮者”只贪美味，尝到美味便把它的印象描写出来。他们的领袖是法朗士，他曾经说过：“依我看来，批评和哲学与历史一样，只是一种给深思好奇者看的小说；一切小说，精密地说起来，都是一种自传。凡是真批评家都只叙述他的灵魂在杰作中的冒险。”这是印象派批评家的信条。他们反对“法官”式的批评，因为“法官”式的批评相信美丑有普遍的标准，印象派则主张各人应以自己的嗜好为标准，我自己觉得一个作品好就说它好，否则它虽然是人人所公认为杰作的《荷马史诗》，我也只把它和许多我所不欢喜的无名小卒一样看待。他们也反对“舌人”式的批评，因为“舌人”式的批评是科学的、客观的，印象派则以为批评应该是艺术的、主观的，它不应像餐馆的使女只捧菜给人吃，应该亲去尝菜的味道。

一般讨论读书方法的书籍往往劝读者持“批评的态度”。这所谓“批评”究竟取哪一个意义呢？它大半是指“判断是非”。所谓持“批评的态度”去读书，就是说不要“尽信书”，要自己去分判书中何者为真，何者为伪，何者为美，何者为丑。这其实就是“法官”式的批评。这种“批评的态度”和

“欣赏的态度”（就是美感的态度）是相反的。批评的态度是冷静的、不杂情感的，其实就是我们在开头时所说的“科学的态度”；欣赏的态度则注重我的情感和物的姿态的交流。批评的态度须用反省的理解，欣赏的态度则全凭直觉。批评的态度预存有一种美丑的标准，把我放在作品之外去评判它的美丑；欣赏的态度则忌杂有任何成见，把我放在作品里面去分享它的生命。遇到文艺作品如果始终持批评的态度，则我是我而作品是作品，我不能沉醉在作品里面，永远得不到真正的美感的经验。

印象派的批评可以说就是“欣赏的批评”。就我个人说，我是倾向这一派的，不过我也明白它的缺点。印象派往往把快感误认为美感。在文艺方面，各人的趣味本来有高低。比如看一幅画，“内行”有“内行”的印象，“外行”有“外行”的印象，这两种印象的价值是否相同呢？我小时候欢喜读《花月痕》和《吕东莱博议》一类的东西，现在回想起来不禁赧颜，究竟是我从前对还是现在对呢？文艺虽无普遍的纪律，而美丑的好恶却有一个道理。遇见一个作品，我们只说“我觉得它好”还不够，我们还应说出我何以觉得它好的道理。说出道理就是一般人所谓批评的态度了。

总而言之，考据不是欣赏，批评也不是欣赏，但是欣赏却不可无考据与批评。从前老先生们太看重考据和批评的功夫，现在一般青年又太不肯做脚踏实地的功夫，以为有文艺的嗜好就可以谈文艺，这都是很大的错误。

“情人眼底出西施”

——美与自然

我们关于美感的讨论，到这里可以告一段落了，现在最好把上文所说的话回顾一番，看我们已经占住了多少领土。美感是什么呢？从积极方面说，我们已经明白美感起于形象的直觉，而这种形象是孤立自足的，和实际人生有一种距离；我们已经见出美感经验中我和物的关系，知道我的情趣和物的姿态交感共鸣，才见出美的形象。从消极方面说，我们已经明白美感一不带意志欲念，有异于实用态度，二不带抽象思考，有异于科学态度；我们已经知道一般人把寻常快感、联想，以及考据与批评认为美感的经验是一种大误解。

美生于美感经验，我们既然明白美感经验的性质，就可以进一步讨论美的本身了。

什么叫做美呢？

在一般人看，美是物所固有的。有些人物生来就美，有些人物生来就丑。比如称赞一个美人，你说她像一朵鲜花，像一颗明星，像一只轻燕，你决不说她像一个布袋，像一条犀牛或是像一只癞虾蟆。这就分明承认鲜花、明星和轻燕一类事物原来是美的，布袋、犀牛和癞虾蟆一类事物原来是丑的。说美人是美的，也犹如说她是高是矮是肥是瘦一样，她的高矮肥瘦是她的星宿定的，是她从娘胎带来的，她的美也是如此，和你看者无关。这种见解并不限于一般人，许多哲学家和科学家也是如此想。所以他们费许多心力去实验最美的颜色是红色还是蓝色，最美的形体是曲线还是直线，最美的音调是G调还是F调。

但是这种普遍的见解显然有很大的难点，如果美本来是物的属性，则凡是长眼睛的人们应该都可以看到，应该都承认它美，好比一个人的高矮，有尺可量，是高大家就要都说高，是矮大家就要都说矮。但是美的估定就没有一个公认的标准。假如你说一个人美，我说她不美，你用什么方法可以说服我呢？有些人欢喜辛稼轩而讨厌温飞卿，有些人欢喜温飞卿而讨厌辛稼轩，这究竟谁是谁非呢？同是一个对象，有人说美，有人说丑，从此可知美本在物之说有些不妥了。

因此，有一派哲学家说美是心的产品。美如何是心的产品，他们的说法却不一致。康德以为美感判断是主观的而却有普遍性，因为人心的构造彼此相同。黑格尔以为美是在个别事物中见出“概念”或理想。比如你觉得峨眉山美，由于它表现“庄严”“厚重”的概念；你觉得《孔雀东南飞》美，由于它表现“爱”与“孝”两个理想的冲突。托尔斯泰以为美的事物都含有宗教和道德的教训。此外还有许多其他的说法。说法既不一致，就只有都是错误的可能而没有都是不错的可能，好比一个数学题生出许多不同的答数一样。大约哲学家们都犯过信理智的毛病，艺术的欣赏大半是情感的而不是理智的。在觉得一件事物美时，我们纯凭直觉，并不是在下判断，如康德所说的；也不是在从个别事物中见出普遍原理，如黑格尔、托尔斯泰一班人所说的；因为这些都是科学的或实用的活动，而美感并不是科学的或实用的活动。还不仅此，美虽不完全在物而却非与物无关。你看到峨眉山才觉到庄严、厚重，看到一个小土墩却不能觉到庄严、厚重。从此可知物须先有使人觉到美的可能性，人不能完全凭心灵创出美来。

依我们看，美不完全在外物，也不完全在人心，它是心物婚媾后所产生的婴儿。美感起于形象的直觉。形象属物而却不完全属于物，因为无我即无由见出形相；直觉属我而却不完全属于我，因为无物则直觉无从活动。美之中要有人情也要有物理，二者缺一都不能见出美。再拿欣赏古松的例子来说，松的苍翠劲直是物理，松的清风亮节是人情。从“我”的方面说，古松的形象并非天生自在的，同是一棵古松，千万人所见到的形象就有千万不同，所以每个形象都是每个人凭着人情创造出来的，每个人所见到的古松的形象就是每个人所创造的艺术品，它有艺术品通常所具的个性，它能表现各个人的性分和情趣。从“物”的方面说，创造都要有创造者和所创造物，所创造物并非从无中生有，也要有若干材料，这材料也要有创造成美的可能性。松所生的意象和柳所生的意象不同，和癞虾蟆所生的意象又不同。所以松的形象这一个艺术品的成功，一半是我的贡献，一半是松的贡献。

这里我们要进一步研究我与物如何相关了。何以有些事物使我觉得美，有些事物使我觉得丑呢？我们最好用一个浅例来说明这个道理。比如我们看下列六条垂直线，往往把它们看成三个柱子，觉得这三个柱子所围的空间（即a与b、c与d和e与f所围的空间）离我们较近，而b与c以及d与e所围的空间则看成背景，离我们较远。还不仅此。我们把这六条垂直线摆在一块看，它们仿佛自成一个谐和的整体；至于g与h两条没有规律的线则仿佛是这整体以外的东西，如果勉强把它搭上前面的六条线一块看，就觉得它不和谐。

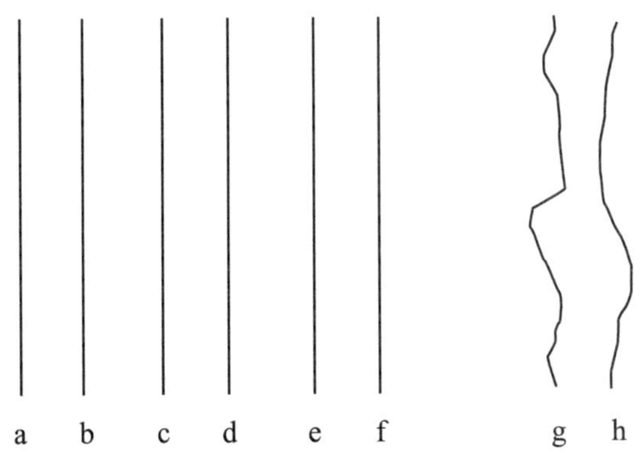

（1）a与b、c与d、e与f距离都相等。

（2）b与c、d与e距离相等，略大于a与b的距离。

（3）f与c的距离较b与c的距离大。

（4）a、b、c、d、e、f为六条平行垂直线，g与h为两条没有规律的线。

从这个有趣的事实，我们可以看出两个很重要的道理：

一、最简单的形象的直觉都带有创造性。把六条垂直线看成三个柱子，就是直觉到一种形象。它们本来同是垂直线，我们把a和b选在一块看，却不把b和c选在一块看；同是直线所围的空间，本来没有远近的分别，我们却把a、b中空间看得近，把b、c中空间看得远。从此可知在外物者原来是散漫混乱，经过知觉的综合作用，才现出形象来。形象是心灵从混乱的自然中所创造成的整体。

二、心灵把混乱的事物综合成整体的倾向却有一个限制，事物也要本来就有可综合为整体的可能性。a至f六条线可以看成一个整体，g与h两条线何以不能纳入这个整体里面去呢？这里我们很可以见出在觉美觉丑时心和物的关系。我们从左看到右时，看出cd和ab相似，de又和bc相似。这两种相似的感觉便在心中形成一个有规律的节奏，使我们预料此后都可由此例推，右边所有的线都顺着左边诸线的节奏。视线移到ef两线时，所预料的果然出现，ef果然与cd也相似。预料而中，自然发生一种快感。但是我们再向右看，看到g与h两线时，就猛然与前不同，不但g和f的距离猛然变大，原来是像柱子的平行垂直线，现在却是两条毫无规律的线。这是预料不中，所以引起不快感。因此g与h两线不但在物理方面和其他六条线不同，在情感上也和它们不能谐和的，所以被摈于整体之外。

这里所谓“预料”自然不是有意的，好比深夜下楼一样，步步都踏着一步梯，就无意中预料以下都是如此，倘若猛然遇到较大的距离，或是踏到平地，才觉得这是出于意料。许多艺术都应用规律和节奏，而规律和节奏所生的心理影响都以这种无意的预料为基础。

懂得这两层道理，我们就可以进一步来研究美与自然的关系了。一般人常欢喜说“自然美”，好像以为自然中已有美，纵使没有人去领略它，美也还是在那里。这种见解就是我们在上文已经驳过的美本在物的说法。其实“自然美”三个字，从美学观点看，是自相矛盾的，是“美”就不“自然”，只是“自然”就还没有成为“美”。说“自然美”就好比说上文六条垂直线已有三个柱子的形象一样。如果你觉得自然美，自然就已经过艺术化，成为你的作品，不复是生糙的自然了。比如你欣赏一棵古松，一座高山，或是一湾清水，你所见到的形象已经不是松、山、水的本色，而是经过人情化的。各人的情趣不同，所以各人所得于松、山、水的也不一致。

流行语中有一句话说得极好，“情人眼底出西施”。[①]美的欣赏极似“柏拉图式的恋爱”。你在初尝恋爱的滋味时，本来也是寻常血肉做的女子却变成你的仙子。你所理想的女子的美

① 见图五。——编者注

点她都应有尽有。在这个时候，你眼中的她也不复是她自己原身而是经你理想化过的变形。

你在理想中先酝酿成一个尽美尽善的女子，然后把她外射到你的爱人身上去，所以你的爱人其实不过是寄托精灵的躯骸。你只见到精灵，所以觉得无瑕可指；旁人冷眼旁观，只见到躯骸，所以往往诧异道："他爱上她，真是有些奇怪。"一言以蔽之，恋爱中的对象是已经艺术化过的自然。

美的欣赏也是如此，它也是把自然加以艺术化。所谓艺术化就是人情化和理想化。不过美的欣赏和寻常恋爱有一个重要的异点。寻常恋爱都带有很强烈的占有欲，你既恋爱一个女子，就有意无意地存有"欲得之而甘心"的态度。美感的态度则丝毫不带占有欲。一朵花无论是生在邻家的园子里或是插在你自己的瓶子里，你只要能欣赏，它都是一样美。老子所说的"为而不有，功成而不居"，可以说是美感态度的定义。古董商和书画金石收藏家大半都抱有"奇货可居"的态度，很少有能真正欣赏艺术的。我在上文说过，美的欣赏极似"柏拉图式的恋爱"，所谓"柏拉图式的恋爱"对于所爱者也只是"无所为而为"的欣赏，不带占有欲。这种恋爱是否可能，颇有人置疑，但是历史上有多少著例，凡是到极浓度的初恋者也往往可以达到胸无纤尘的境界。

“依样画葫芦”

——写实主义和理想主义的错误

从美学观点看，“自然美”虽是一个自相矛盾的名词，但是通常说“自然美”时所用的“美”字却另有一种意义，和说“艺术美”时所用的“美”字不应该混为一事。这个分别非常重要，我们须把它剖析清楚。

自然本来混整无别，许多分别都是从人的观点看出来的。离开人的观点而言，自然本无所谓真伪，真伪是科学家所分别出来以便利思想的；自然本无所谓善恶，善恶是伦理学家所分别出来以规范人类生活的。同理，离开人的观点而言，自然也本无所谓美丑，美丑是观赏者凭自己的性分和情趣见出来的。自然界唯一无二的固有的分别，只是常态与变态的分别。通常所谓“自然美”就是指事物的常态，所谓“自然丑”就是指事物的变态。

举个例来说，比如我们说某人的鼻子生得美，它大概应该像什么样子呢？太大的、太小的、太高的、太低的、太肥的、太瘦的鼻子都不能算得美。美的鼻子一定大小肥瘦高低件件都合式。我们说它不太高，说它件件都合式，这就是承认鼻子的大小高低等等原来有一个标准。这个标准是如何定出来的呢？你如果仔细研究，就可以发现它是取决多数，像选举投票一样。如果一百人之中有过半数的鼻子是一寸高，一寸就成了鼻高的标准。不及一寸高的鼻子就使人嫌它太低，超过一寸高的鼻子就使人嫌它太高。鼻子通常都是从上面逐渐高到下面来，所以称赞生得美的鼻子，我们往往说它“如悬胆”。如果鼻子上下都是一样粗细，像腊肠一样，或是鼻孔朝天露出，那就太稀奇古怪了，稀奇古怪便是变态。通常人说一件事丑，其实不过是因为它稀奇古怪。

照这样说，世间美鼻子应该多于丑鼻子，何以实在不然呢？自然美的难，难在件件都合式。高低合式的大小或不合式，大小合式的肥瘦或不合式。所谓“式”就是标准，就是常态，就是最普遍的性质。自然美为许多最普遍的性质之总和。就每个独立的性质说，它是最普遍的；但是就总和说，它却不可多得，所以成为理想，为人称美。

一切自然事物的美丑都可以作如是观。宋玉形容一个美人说：

> 天下之佳人莫若楚国，楚国之丽者莫若臣里，臣里之美者莫若臣东家之子。东家之子增之一分则太长，减之一分则太短，著粉则太白，施朱则太赤。

照这样说，美人的美就在安不上“太”字，一安上“太”字就不免有些丑了。“太”就是超过常态，就是稀奇古怪。

人物都以常态为美。健全是人体的常态，耳聋、口吃、面麻、颈肿、背驼、足跛都不是常态，所以都使人觉得丑。一般生物的常态是生气蓬勃，活泼灵巧。所以就自然美而论，猪不如狗，龟不如蛇，樗不如柳，老年人不如少年人。非生物也是如此。山的常态是巍峨，所以巍峨最易显出山的美；水的常态是浩荡明媚，所以浩荡明媚最易显出水的美。同理，花宜清香，月宜皎洁，春风宜温和，秋雨宜凄厉。

通常所谓“自然美”和“自然丑”，分析起来，意义不过如此。艺术上所谓美丑，意义是否相同呢？

一般人大半以为自然美和艺术美的对象和成因虽不同，而其为美则一。自然丑和艺术丑也是如此。这个普遍的误解酿成艺术史上两种表面相反而实在都是错误的主张，一是写实主义，一是理想主义。

写实主义是自然主义的后裔。自然主义起于法人卢梭。他以为上帝经手创造的东西，本来都是尽美尽善，人伸手进去搅扰，于是它们才被弄糟。人工造作，无论如何精巧，终比不上自然。自然既本来就美，艺术家最聪明的办法就是模仿它。在英人罗斯金看，艺术原来就是从模仿自然起来的。人类本来住在露天的树林中，后来他们建筑房屋，仍然是以树林和天空为模型。建筑如此，其他艺术亦然。人工不敌自然，所以用人工去模仿自然时，最忌讳凭己意选择去取。罗斯金说：

> 纯粹主义者拣选精粉，感官主义者杂取秕糠，至于自然主义则兼容并包，是粉就拿来制饼，是草就取来塞床。

这段话后来变成写实派的信条。写实主义最盛于十九世纪后半叶的法国，尤其是在小说方面。左拉是大家公认的代表。所谓写实主义就是完全照实在描写，愈像愈妙。比如描写一个酒店就要活像一个酒店，描写一个妓女就要活像一个妓女。既然是要像，就不能不详尽精确，所以写实派作者欢喜到实地搜集“凭据”，把它们很仔细地写在笔记簿上，然后把它们整理一番，就成了作品。他们写一间房屋时至少也要用三五页的篇幅，才肯放松它。

这种艺术观的难点甚多，最显著的有两端。第一，艺术的最高目的既然只在模仿自然，自然本身既已美了，又何必有艺术呢？如果妙肖自然，是艺术家的唯一能事，则寻常照相家的本领都比吴道子、唐六如高明了。第二，美丑是相对的名词，有丑然后才显得出美。如果你以为自然全体尽美，你看自然时便没有美丑的标准，便否认有美丑的比较，连“自然美”一个名词也没有意义了。

理想主义有见于此。依它说，自然中有美有丑，艺术只模仿自然的美，丑的东西应丢开。美的东西之中又有些性质是重要的，有些性质是琐屑的，艺术家只选择重要的，琐屑的应丢开。这种理想主义和古典主义通常携手并行。古典主义最重“类型”，所谓“类型”就是全类事物的模子。一件事物可以代表一切其他同类事物时就可以说是类型。比如说画马，你不应该画得只像这匹马或是只像那匹马，你该画得像一切马，使每个人见到你的画都觉得他所知道的马恰是像那种模样。①要画得像一切马，就须把马的特征、马的普遍性画出来，至于这匹马或那匹马所特有的个性则“琐屑”不足道。假如你选择某一匹马来做模型，它一定也要富于代表性。这就是古典派的类型主义。从此可知类型就是我们在上文所说的事物的常态，就是一般人的“自然美”。

这种理想主义似乎很能邀信任常识者的同情，但是它和近代艺术思潮颇多冲突。艺术不像哲学，它的生命全在具体的形象，最忌讳的是抽象化。凡是一个模样能套上一切人物时就不能适合于任何人，好比衣帽一样。古典派的类型有如几何学中的公理，虽然应用范围很广泛，却不能引起观者的切身的情趣。许多人所公有的性质，在古典派看，虽是精深，而在近代人看，却极平凡、粗浅。近代艺术所搜求的不是类型而是个性，不是彰明较著的色彩而是毫厘之差的阴影。直鼻子、横眼睛是古典派所谓类型。如果画家只能够把鼻子画直、眼睛画横，结果就难免千篇一律，毫无趣味。他应该能够把这个直鼻

① 见图九。——编者注

子所以异于其他直鼻子的，这个横眼睛所以异于其他横眼睛的地方表现出来，才算是有独到。

在表面上看，理想主义和写实主义似乎相反，其实它们的基本主张是相同的，它们都承认自然中本来就有所谓美，它们都以为艺术的任务在模仿，艺术美就是从自然美模仿得来的。它们的艺术主张都可以称为“依样画葫芦”的主义。它们所不同者，写实派以为美在自然全体，只要是葫芦，都可以拿来作画的模型；理想派则以为美在类型，画家应该选择一个最富于代表性的葫芦。严格地说，理想主义只是一种精炼的写实主义，以理想派攻击写实派，不过是以五十步笑百步罢了。

艺术对于自然，是否应该持“依样画葫芦”的态度呢？艺术美是否从模仿自然美得来的呢？要回答这个问题，我们应该注意到两件事实：

一、自然美可以化为艺术丑。长在藤子上的葫芦本来很好看，如果你的手艺不高明，画在纸上的葫芦就不很雅观。许多香烟牌和月份牌上面的美人画就是如此，以人而论，面孔倒还端正，眉目倒还清秀；以画而论，则往往恶劣不堪。毛延寿有心要害王昭君，才把她画丑。世间有多少王昭君都被有善意而无艺术手腕的毛延寿糟蹋了。

二、自然丑也可以化为艺术美。本来是一个很丑的葫芦，经过大画家点铁成金的手腕，往往可以成为杰作。大醉大饱之后睡在床上放屁的乡下老太婆未必有什么风韵，但是我们谁不高兴看醉卧怡红院的刘姥姥？从前艺术家大半都怕用丑材料，近来艺术家才知道熔自然丑于艺术美，可以使美者更见其美。荷兰画家伦勃朗欢喜画老朽人物，法国文学家波德莱尔欢喜拿死尸一类的事物做诗题，雕刻家罗丹和爱朴斯丹也常用在自然中为丑的人物，都是最显著的例子。

这两件事实所证明的是什么呢？

一、艺术的美丑和自然的美丑是两件事。

二、艺术的美不是从模仿自然美得来的。

从这两点看，写实主义和理想主义都是一样错误，它们的主张恰与这两层道理相反。要明白艺术的真性质，先要推翻它们的“依样画葫芦”的办法，无论这个葫芦是经过选择，或是没有经过选择。

我们说“艺术美”时，“美”字只有一个意义，就是事物现形象于直觉的一个特点。事物如果要能现形象于直觉，它的外形和实质必须融化成一气，它的姿态必可以和人的情趣交感共鸣。这种“美”都是创造出来的，不是天生自在俯拾即是的，它都是“抒情的表现”。我们说“自然美”时，“美”字有两种意义。第一种意义的“美”就是上文所说的常态，例如背通常是直的，直背美于驼背。第二种意义的“美”其实就是艺术美。我们在欣赏一片山水而觉其美时，就已经把自己的情趣外射到山水里去，就已把自然加以人情化和艺术化了。[1]所

① 见图一。——编者注

以有人说："一片自然风景就是一种心境。"一般人的错误在只知道第一种意义的自然美，以为艺术美和第二种意义的自然美原来也不过如此。

法国画家德拉库瓦[①]说得好："自然只是一部字典而不是一部书。"人人尽管都有一部字典在手边，可是用这部字典中的字来做出诗文，则全凭各人的情趣和才学。做得好诗文的人都不能说是模仿字典，说自然本来就美（"美"字用"艺术美"的意义）者也犹如说字典中原来就有《陶渊明集》和《红楼梦》一类作品在内。这显然是很荒谬的。

① 依现代译法，应为"德拉克罗瓦"，见图十四。——编者注

“大人者不失其赤子之心”

——艺术与游戏

一直到现在，我们所讨论的都偏重欣赏。现在我们可以换一个方向来讨论创造了。

既然明白欣赏的道理，进一步来研究创造，便没有什么困难，因为欣赏和创造的距离并不像一般人所想象的那么远。欣赏之中都寓有创造，创造之中也都寓有欣赏。创造和欣赏都是要见出一种意境，造出一种形象，都要根据想象与情感。比如说姜白石的“数峰清苦，商略黄昏雨”一句词含有一个受情感饱和的意境。姜白石在做这句词时，先须从自然中见出这种意境，然后拿这九个字把它翻译出来。在见到意境的一刹那中，他是在创造也是在欣赏。我在读这句词时，这九个字对于我只是一种符号，我要能认识这种符号，要凭想象与情感从这种符号中领略出姜白石原来所见到的意境，须把他的译文翻回到原文。我在见到他的意境一刹那中，我是在欣赏也是在创造。倘若我丝毫无所创造，他所用的九个字对于我就漫无意义了。一首诗做成之后，不是就变成个个读者的产业，使他可以坐享其成。它也好比一片自然风景，观赏者要拿自己的想象和情趣来交接它，才能有所得。他所得的深浅和他自己的想象与情趣成比例。读诗就是再做诗。一首诗的生命不是作者一个人所能维持住，也要读者帮忙才行。读者的想象和情感是生生不息的，一首诗的生命也就是生生不息的，它并非是一成不变的。一切艺术作品都是如此，没有创造都不能有欣赏。

创造之中都寓有欣赏，但是创造却不全是欣赏。欣赏只要能见出一种意境，而创造却须再进一步，把这种意境外射出来，成为具体的作品。这种外射也不是易事，它要有相当的天才和人力，我们到以后还要详论它，现在只就艺术的雏形来研究欣赏和创造的关系。

艺术的雏形就是游戏。游戏之中就含有创造和欣赏的心理活动。个个人不都是艺术家，但个个人却都做过儿童，对于游戏都有几分经验。所以要了解艺术的创造和欣赏，最好是先研究游戏。

骑马的游戏是很普遍的，我们就把它做例来说。儿童在玩骑马的把戏时，他的心理活动可以用这么一段话说出来："父亲天天骑马在街上走，看他是多么好玩！多么有趣！我们也骑来试试看。他的那匹大马自然不让我们骑。小弟弟，你弯下腰来，让我骑！特！特！走快些！你没有气力了吗？我去换一匹马罢。"于是厨房里的竹帚夹在胯下又变成一匹马了。

从这个普遍的游戏中间，我们可以看出几个游戏和艺术的类似点。

一、像艺术一样，游戏把所欣赏的意象加以客观化，使它成为一个具体的情境。小孩子心里先印上一个骑马的意象，这个意象变成他的情趣的集中点（这就是欣赏）。情趣集中时意象大半孤立，所以本着单独观念实现于运动的普遍倾向，从心里外射出来，变成一个具体的情境（这就是创造），于是有骑马的游戏。骑马的意象原来是心镜从外物界所摄来的影子。在骑马时儿童仍然把这个影子交还给外物界。不过这个影子在摄来时已顺着情感的需要而有所选择去取，在脑里打一个翻转之后，又经过一番意匠经营，所以不复是生糙的自然。一个人可以当马骑，一个竹帚也可以当马骑。换句话说，儿童的游戏不完全是模仿自然，它也带有几分创造性。他不仅作骑马的游戏，有时还拣一支粉笔或土块在地上画一个骑马的人。他在一个圆圈里画两点一直一横就成了一个面孔，在下面再安上两条线就成了两只腿。他原来看人物时只注意到这些最刺眼的运动的部分，他是一个印象派的作者。

二、像艺术一样，游戏是一种“想当然耳”的勾当。儿童在拿竹帚当马骑时，心里完全为骑马一个有趣的意象占住，丝毫不注意到他所骑的是竹帚而不是马。他聚精会神到极点，虽是在游戏而却不自觉是在游戏。本来是幻想的世界，却被他看成实在的世界了。他在幻想世界中仍然持着郑重其事的态度。全局尽管荒唐，而各部分却仍须合理。有两位小姊妹正在玩做买卖的把戏，她们的母亲从外面走进来向扮店主的姐姐亲了一嘴，扮顾客的妹妹便抗议说：“妈妈，你为什么同开店的人亲嘴？”从这个实例看，我们可以知道儿戏很类似写剧本或是写小说，在不近情理之中仍须不背乎情理，要有批评家所说的“诗的真实”。成人们往往嗤不郑重的事为儿戏，其实成人自己很少像儿童在游戏时那么郑重，那么专心，那么认真。

三、像艺术一样，游戏带有移情作用，把死板的宇宙看成活跃的生灵。我们成人把人和物的界线分得很清楚，把想象的和实在的分得很清楚。在儿童心中这种分别是很模糊的。他把物看成自己一样，以为它们也有生命，也能痛能痒。他拿竹帚当马骑时，你如果在竹帚上扯去一条竹枝，那就是在他的马身上扯去一根毛，在骂你一场之后，他还要向竹帚说几句温言好语。他看见星说是天眨眼，看见露说是花垂泪。这就是我们在前面说过的“宇宙的人情化”。人情化可以说是儿童所特有的体物的方法。人越老就越不能起移情作用，我和物的距离就日见其大，实在的和想象的隔阂就日见其深，于是这个世界也就越没有趣味了。

四、像艺术一样，游戏是在现实世界之外另造一个理想世界来安慰情感。骑竹马的小孩子一方面觉得骑马的有趣，一方面又苦于骑马的不可能，骑马的游戏是他弥补现实缺陷的一种方法。近代有许多学者说游戏起于精力的过剩，有力没处用，才去玩把戏。这话虽然未可尽信，却含有若干真理。人生来就好动，生而不能动，便是苦恼。疾病、老朽、幽囚都是人所最厌恶的，就是它们夺去动的可能。动愈自由即愈使人快意，所以人常厌恶有限而追求无限。现实界是有限制的，不能容人尽量自由活动。人不安于此，于是有种种苦闷厌倦。要消遣这种苦闷厌倦，人于是自架空中楼阁。苦闷起于人生对于“有限”的不满，幻想就是人生对于“无限”的寻求，游戏和文艺就是幻想的结果。它们的功用都在帮助人摆脱实在界的缰锁，跳出到可能的世界中去避风息凉。人愈到闲散时愈觉单调生活不可耐，愈想在呆板平凡的世界中寻出一点出乎常轨的偶然的波浪，来排忧解闷。所以游戏和艺术的需要在闲散时愈紧迫。就这个意义说，它们确实是一种“消遣”。

儿童在游戏时意造空中楼阁，大概都现出这几个特点。他们的想象力还没有受经验和理智束缚死，还能去来无碍。只要有一点实事实物触动他们的思路，他们立刻就生出一种意境，在一弹指中就把这种意境渲染成五光十彩。念头一动，随便什么事物都变成他们的玩具，你给他们一个世界，他们立刻就可以造出许多变化离奇的世界来交还你。他们就是艺术家。一般艺术家都是所谓“大人者不失其赤子之心”。

艺术家虽然“不失其赤子之心”，但是他究竟是“大人”，有赤子所没有的老练和严肃。游戏究竟只是雏形的艺术而不就是艺术。它和艺术有三个重要的异点。

一、艺术都带有社会性而游戏却不带社会性。儿童在游戏时只图自己高兴，并没有意思要拿游戏来博得旁观者的同情和赞赏。在表面看，这似乎是偏于唯我主义，但是这实在由于自我观念不发达。他们根本就没有把物和我分得很清楚，所以说不到求人同情于我的意思。艺术的创造则必有欣赏者。艺术家见到一种意境或是感到一种情趣，自得其乐还不甘心，他还要旁人也能见到这种意境，感到这种情趣。他固然不迎合社会心理去沽名钓誉，但是他是一个热情者，总不免希望世有知音同情。因此艺术不像克罗齐派美学家所说的，只达到“表现”就可以了事，它还要能“传达”。在原始时期，艺术的作者就是全民众，后来艺术家虽自成一阶级，他们的作品仍然是全民众的公有物。艺术好比一棵花，社会好比土壤，土壤比较肥沃，花也自然比较茂盛。艺术的风尚一半是作者造成的，一半也是社会造成的。

二、游戏没有社会性，只顾把所欣赏的意象“表现”出来；艺术有社会性，还要进一步把这种意象传达于天下后世，所以游戏不必有作品而艺术则必有作品。游戏只是逢场作戏，比如儿童堆砂为屋，还未堆成，即已推倒，既已尽兴，便无留恋。艺术家对于得意的作品常加意珍护，像慈母待婴儿一般。音乐家贝多芬常言生存是一大痛苦，如果他不是心中有未尽之蕴要谱于乐曲，他久已自杀。司马迁也是因为要做《史记》，所以隐忍受腐刑的羞辱。从这些实例看，可知艺术家对于艺术比一切都看重。他们自己知道珍贵美的形象，也希望旁人能同样地珍贵它。他自己见到一种精灵，并且想使这种精灵在人间永存不朽。

三、艺术家既然要借作品“传达”他的情思给旁人，使旁人也能同赏共乐，便不能不研究“传达”所必需的技巧。他第一要研究他所借以传达的媒介，第二要研究应用这种媒介如何可以造成美形式出来。比如说做诗文，语言就是媒介。这种媒介要恰能传出情思，不可任意乱用。相传欧阳修《昼锦堂记》首两句本是“仕宦至将相，锦衣归故乡”，送稿的使者已走过几百里路了，他还要打发人骑快马去添两个“而”字。文人用字不苟且，通常如此。儿童在游戏时对于所用的媒介决不这样谨慎选择。他戏骑马时遇着竹帚就用竹帚，遇着板凳就用板凳，反正这不过是一种代替意象的符号，只要他自己以为那是马就行了，至于旁人看见时是否也恰能想到马的意象，他却丝毫不介意。倘若画家意在马而画一个竹帚出来，谁人能了解他的原意呢？艺术的内容和形式都要恰能融合一气，这种融合就是美。

总而言之，艺术虽伏根于游戏本能，但是因为同时带有社会性，须留有作品传达情思于观者，不能不顾到媒介的选择和技巧的锻炼。它逐渐发达到现在，已经在游戏前面走得很远，令游戏望尘莫及了。

空中楼阁

——创造的想象

艺术和游戏都是意造空中楼阁来慰情遣兴。现在我们来研究这种楼阁是如何建筑起来的，这就是说，看看诗人在做诗或是画家在作画时的心理活动到底像什么样。

为说话易于明了起见，我们最好拿一个艺术作品做实例来讲。本来各种艺术都可以供给这种实例，但是能拿真迹摆在我们面前的只有短诗。所以我们姑且选一首短诗，不过心里要记得其他艺术作品的道理也是一样。比如王渔洋所推为唐人七绝“压卷”作的王昌龄的《长信怨》:

奉帚平明金殿开，暂将团扇共徘徊。

玉颜不及寒鸦色，犹带昭阳日影来。

大家都知道，这首诗的主人是班婕妤。她从失宠于汉成帝之后，谪居长信宫奉侍太后。昭阳殿是汉成帝和赵飞燕住的地方。这首诗是一个具体的艺术作品。王昌龄不曾留下记载来，告诉我们他作时心理历程如何，他也许并没有留意到这种问题。但是我们用心理学的帮助来从文字上分析，也可以想见大概。他作这首诗时有哪些心理的活动呢？

一、他必定使用想象。

什么叫做想象呢？它就是在心里唤起意象。比如看到寒鸦，心中就印下一个寒鸦的影子，知道它像什么样，这种心境从外物摄来的影子就是“意象”。意象在脑中留有痕迹，我眼睛看不见寒鸦时仍然可以想到寒鸦像什么样，甚至于你从来没有见过寒鸦，别人描写给你听，说它像什么样，你也可以凑合已有意象推知大概。这种回想或凑合以往意象的心理活动叫做“想象”。

想象有再现的，有创造的。一般的想象大半是再现的。原来从知觉得来的意象如此，回想起来的意象仍然是如此，比如我昨天看见一只鸦，今天回想它的形状，丝毫不用自己的意思去改变它，就是只用再现的想象。艺术作品也不能不用再现的想象。比如这首诗里“奉帚”“金殿”“玉颜”“寒鸦”“日影”“团扇”“徘徊”等等，在独立时都只是再现的想象。“团扇”一个意象尤其如此。班婕妤在自己《怨歌行》里已经用过秋天丢开的扇子自比，王昌龄不过是借用这个典故。诗作出来总须旁人能懂得，“懂得”这是能够唤起以往的经验来印证。用以往的经验来印证新经验大半凭借再现的想象。

但是只有再现的想象决不能创造艺术。艺术既是创造的，就要用创造的想象。创造的想象也并非从无中生有，它仍用已有意象，不过把它们加以新配合。王昌龄的《长信怨》精彩全在后两句，这后两句就是用创造的想象做成的。个个人都见过“寒鸦”和“日影”，从来却没有人想到班婕妤的“怨”可以见于带昭阳日影的寒鸦。但是这话一经王昌龄说出，我们就觉得它实在是至情至理。从这个实例看，创造的定义就是：平常的旧材料之不平常的新综合。

王昌龄的题目是《长信怨》。“怨”字是一个抽象的字，他的诗却画出一个如在目前的具体的情境，不言怨而怨自见。艺术不同哲学，它最忌讳抽象。抽象的概念在艺术家的脑里都要先翻译成具体的意象，然后才表现于作品。具体的意象才能引起深切的情感。比如说“贫富不均”一句话入耳时只是一笔冷冰冰的总账，杜工部的“朱门酒肉臭，路有冻死骨”才是一幅惊心动魄的图画。思想家往往不是艺术家，就因为不能把抽象的概念翻译为具体的意象。

从理智方面看，创造的想象可以分析为两种心理作用：一是分想作用，一是联想作用。

我们所有的意象都不是独立的，都是嵌在整个经验里面的，都是和许多其他意象固结在一起的。比如我昨天在树林里看见一只鸦，同时还看见许多其他事物，如树林、天空、行人等等。如果这些记忆都全盘复现于意识，我就无法单提鸦的意象来应用。好比你只要用一根丝，它裹在一团丝里，要单抽出它而其他的丝也连带地抽出来一样。“分想作用”就是把某一个意象（比如说鸦）和与它相关的许多意象分开而单提出它来。这种分想作用是选择的基础。许多人不能创造艺术就因为没有这副本领。他们常常说：“一部十七史从何处说起？”他们一想到某一个意象，其余许多平时虽有关系而与本题却不相干的意象都一齐涌上心头来，叫他们无法脱围。小孩子读死书，往往要从头背诵到尾，才想起一篇文章中某一句话来，也就是吃不能“分想”的苦。

有分想作用而后有选择，只是选择有时就已经是创造。雕刻家在一块顽石中雕出一座爱神[①]来，画家在一片荒林中描出一幅风景画来，都是在混乱的情境中把用得着的成分单提出来，把用不着的成分丢开，来造成一个完美的形象。诗有时也只要有分想作用就可以作成。例如“采菊东篱下，悠然见南山”“寒波澹澹起，白鸟悠悠下”“风吹草低见牛羊”诸名句都是从混乱的自然中划出美的意象来，全无机杼的痕迹。

不过创造大半是旧意象的新综合，综合大半借“联想作用”。我们在上文谈美感与联想时已说过错乱的联想妨碍美感的道理，但是我们却保留过一条重要的原则：“联想是知觉和想象的基础。艺术不能离开知觉和想象，就不能离开联想。”现在我们可以详论这番话的意义了。

我们曾经把联想分为“接近”和“类似”两类。比如这首

① 见图十六。——编者注

诗里所用的“团扇”一个意象，在班婕妤自己第一次用它时，是起于类似联想，因为她见到自己色衰失宠类似秋天的弃扇；在王昌龄用它时则起于接近联想，因为他读过班婕妤的《怨歌行》，提起班婕妤就因经验接近而想到团扇的典故。不过他自然也可以想到她和团扇的类似。

“怀古”“忆旧”的作品大半起于接近联想，例如看到赤壁就想起曹操和苏东坡，看到遗衣挂壁就想到已故的妻子。类似联想在艺术上尤其重要。《诗经》中“比”“兴”两体都是根据类似联想。比如《关关雎鸠》章就是拿雎鸠的挚爱比夫妇的情谊。《长信怨》里的“玉颜”在现在已成滥调，但是第一次用这两个字的人却费了一番想象。“玉”和“颜”本来是风马牛不相及，只因为在色泽肤理上相类似，就嵌合在一起了。语言文字的引申义大半都是这样起来的。例如“云破月来花弄影”一句词中三个动词都是起于类似联想的引申义。

因为类似联想的结果，物可以变成人，人也可变成物。物变成人通常叫做“拟人”。《长信怨》的“寒鸦”是实例。鸦是否能寒，我们不能直接感觉到，我们觉得它寒，便是设身处地地想。不但如此，寒鸦在这里是班婕妤所羡慕而又妒忌的受恩承宠者，它也许是隐喻赵飞燕。一切移情作用都起类似联想，都是“拟人”的实例。例如“感时花溅泪，恨别鸟惊心”和“水是眼波横，山是眉峰聚”一类的诗句都是以物拟人。

人变成物通常叫作“托物”。班婕妤自比“团扇”，就是托物的实例。“托物”者大半不愿直言心事，故婉转以隐语出之。曹子建被迫于乃兄，在走七步路的时间中做成一首诗说：

> 煮豆燃豆萁，豆在釜中泣。
> 本是同根生，相煎何太急！

清朝有一位诗人不敢直骂爱新觉罗氏以胡人夺了明朝的江山，乃在咏《紫牡丹》诗里寄意说：

> 夺朱非正色，异种亦称王。

这都是托物的实例。最普通的托物是“寓言”，寓言大半拿动植物的故事来隐射人类的是非善恶。托物是中国文人最欢喜的玩艺儿。庄周、屈原首开端倪。但是后世注疏家对于古人诗文往往穿凿附会太过。黄山谷说得好：

> 彼喜穿凿者弃其大旨，取其发兴，于所遇林泉人物草木鱼虫，以为物物皆有所托，如世间商度隐语者，则诗委地矣！

“拟人”和“托物”都属于象征。所谓“象征”，就是以甲为乙的符号。甲可以做乙的符号，大半起于类似联想。象征最大的用处就是把具体的事物来代替抽象的概念。我们在上文说过，艺术最怕抽象和空泛，象征就是免除抽象和空泛的无二法门。象征的定义可以说是“寓理于象”。梅圣俞《续金针诗格》里有一段话很可以发挥这个定义：

> 诗有内外意，内意欲尽其理，外意欲尽其象。内外意含蓄，方入诗格。

这首诗里的“昭阳日影”便是象征皇帝的恩宠。“皇帝的恩宠”是“内意”，是“理”，是一个空泛的抽象概念，所以王昌龄拿“昭阳日影”一个具体的意象来代替它，“昭阳日影”便是“象”，便是“外意”。不过这种象征是若隐若现的。诗人用“昭阳日影”时，原来因为“皇帝的恩宠”一类的字样不足以尽其意蕴，如果我们一定要把它明白指为“皇帝的恩宠”的象征，这又未免剪云为裳，以迹象绳玄渺了。诗有可以解说出来的地方，也有不可以解说出来的地方。不可以言传的全赖读者意会。在微妙的境界我们尤其不可拘虚绳墨。

“超以象外，得其环中”

——创造与情感

二、诗人于想象之外又必有情感。

分想作用和联想作用只能解释某意象的发生如何可能，不能解释作者在许多可能的意象之中何以独抉择该意象。再就上文所引的王昌龄的《长信怨》来说，长信宫四围的事物甚多，他何以单择寒鸦？和寒鸦可发生联想的事物甚多，他何以单择昭阳日影？联想并不是偶然的，有几条路可走时而联想只走某一条路，这就由于情感的阴驱潜率。在长信宫四围的许多事物之中只有带昭阳日影的寒鸦可以和弃妇的情怀相照映，只有它可以显出一种“怨”的情境。在艺术作品中人情和物理要融成一气，才能产生一个完整的境界。

这个道理可以再用一个实例来说明，比如王昌龄的《闺怨》：

闺中少妇不知愁，春日凝妆上翠楼。

忽见陌头杨柳色，悔教夫婿觅封侯！

杨柳本来可以引起无数的联想，桓温因杨柳而想到“木犹如此，人何以堪”！萧道成[①]因杨柳而想起“此柳风流可爱，似张绪当年”！韩君平因杨柳而想起“昔日青青今在否”的章台妓女，何以这首诗的主人独懊悔当初劝丈夫出去谋官呢？因为“夫婿”的意象对于“春日凝妆上翠楼”的闺中少妇是一种受情感饱和的意象，而杨柳的浓绿又最易惹起春意，所以经它一触动，“夫婿”的意象就立刻浮上她的心头了。情感是生生不息的，意象也是生生不息的。换一种情感就是换一种意象，换一种意象就是换一种境界。即景可以生情，因情也可以生景。所以诗是做不尽的。有人说，风花雪月等等都已经被前人说滥了，所有的诗都被前人做尽了，诗是没有未来的了。这般人不但不知诗为何物，也不知生命为何物。诗是生命的表现。生命像柏格森所说的，时时在变化中即时时在创造中。说诗已经做穷了，就不啻说生命已到了末日。

王昌龄既不是班婕妤，又不是“闺中少妇”，何以能感到她们的情感呢？这又要回到“子非鱼，安知鱼之乐”的老问题了。诗人和艺术家都有“设身处地”和“体物入微”的本领。他们在描写一个人时，就要钻进那个人的心孔，在霎时间就要变成那个人，亲自享受他的生命，领略他的情感。所以我们读他们的作品时，觉得它深中情理。在这种心灵感通中我们可以见出宇宙生命的联贯。诗人和艺术家的心就是一个小宇宙。

---

① 疑为“萧赜”。——编者注

一般批评家常欢喜把文艺作品分为“主观的”和“客观的”两类，以为写自己经验的作品是主观的，写旁人的作品是客观的。这种分别其实非常肤浅。凡是主观的作品都必同时是客观的，凡是客观的作品亦必同时是主观的。比如说班婕妤的《怨歌行》：

新裂齐纨素，皎洁如霜雪。裁为合欢扇，团团似明月。出入君怀袖，动摇微风发。常恐秋节至，凉飙夺炎热。弃捐箧笥中，恩情中道绝。

她拿团扇自喻，可以说是主观的文学。但是班婕妤在做这首诗时就不能同时在怨的情感中过活，她须暂时跳开切身的情境，看看它像什么样子，才能发现它像团扇。这就是说，她在做《怨歌行》时须退处客观的地位，把自己的遭遇当作一幅画来看。在这一刹那中，她就已经由弃妇变而为歌咏弃妇的诗人了，就已经在实际人生和艺术之中辟出一种距离来了。

再比如说王昌龄的《长信怨》。他以一位唐朝的男子来写一位汉朝的女子，他的诗可以说是客观的文学。但是他在做这首诗时一定要设身处地地想象班婕妤谪居长信宫的情况如何。像班婕妤自己一样，他也是拿弃妇的遭遇当作一幅画来欣赏。在想象到聚精会神时，他达到我们在前面所说的物我同一的境界，霎时之间，他的心境就变成班婕妤的心境了，他已经由客观的观赏者变而为主观的享受者了。总之，主观的艺术家在创造时也要能“超以象外”，客观的艺术家在创造时也要能“得其环中”，像司空图所说的。

文艺的作品都必具有完整性。它是旧经验的新综合，它的精彩就全在这综合上面见出。在未综合之前，意象是散漫零乱的；在既综合之后，意象是谐和整一的。这种综合的原动力就是情感。凡是文艺作品都不能拆开来看，说某一笔平凡，某一句警辟，因为完整的全体中各部分都是相依为命的。人的美往往在眼睛上现出，但是也要全体健旺，眼中精神才饱满，不能把眼睛单拆开来，说这是造化的“警句”。严沧浪说过：“汉魏古诗，气象混沌，难以句摘；晋以还始有佳句。”这话本是见道语而实际上又不尽然。晋以还始有佳句，但是晋以还的好诗像任何时代的好诗一样，仍然“难以句摘”。比如《长信怨》的头两句，“奉帚平明金殿开，暂将团扇共徘徊”，拆开来单看，本很平凡。但是如果没有这两句所描写的荣华冷落的情境，便显不出后两句的精彩。功夫虽从点睛见出，却从画龙做起。凡是欣赏或创造文艺作品，都要先注意到总印象，不可离开总印象而细论枝节。比如古诗《采莲曲》：

采莲复采莲，莲叶何田田！鱼戏莲叶东，鱼戏莲叶南，鱼戏莲叶西，鱼戏莲叶北。

单看起来，每句都无特色，合看起来，全篇却是一幅极幽美的意境。这不仅是汉魏古诗是如此，晋以后的作品如陈子昂的《登幽州台》：

前不见古人，后不见来者，念天地之悠悠，独怆然而涕下。

也是要求总印象上玩味，绝不能字斟句酌。晋以后的诗和晋以后的词大半都是细节胜于总印象，聪明气和斧凿痕迹都露在外面，这的确是艺术的衰落现象。

情感是综合的要素，许多本来不相关的意象如果在情感上能调协，便可形成完整的有机体，比如李太白的《长相思》收尾两句说：

相思黄叶落，白露点青苔。

钱起的《湘灵鼓瑟》收尾两句说：

曲终人不见，江上数峰青。

温飞卿的《菩萨蛮》前阕说：

水晶帘里颇黎枕，暖香惹梦鸳鸯锦。江上柳如烟，雁飞残月天。

秦少游的《踏莎行》前阕说：

雾失楼台，月迷津渡，桃源望断无寻处。可堪孤馆闭春寒，杜鹃声里斜阳暮。

这里加圈的字句所传出的意象都是物景，而这些诗词全体原来都是着重人事。我们仔细玩味这些诗词时，并不觉得人事之中猛然插入物景为不伦不类，反而觉得它们天生成地联络在一起，互相烘托，益见其美。这就由于它们在感情上是谐和的。单拿“曲终人不见，江上数峰青”两句诗来说，曲终人杳虽然与江上峰青绝不相干，但是这两个意象都可以传出一种凄清冷静的情感，所以它们可以调和。如果只说“曲终人不见”而无“江上数峰青”，或是只说“江上数峰青”而无“曲终人不见”，意味便索然了。从这个例子看，我们可以见出创造如何是平常的意象的不平常的综合，诗如何要论总印象，以及情感如何使意象整一，种种道理了。

因为有情感的综合，原来似散漫的意象可以变成不散漫，原来似重复的意象也可以变成不重复。《诗经》里面的诗大半每篇都有数章，而数章所说的话往往无大差别。例如《王风·黍离》：

彼黍离离，彼稷之苗。行迈靡靡，中心摇摇。知我者谓我心忧，不知我者谓我何求！悠悠苍天，此何人哉？

彼黍离离，彼稷之穗，行迈靡靡，中心如醉。知我者谓我心忧，不知我者谓我何求！悠悠苍天，此何人哉？

彼黍离离，彼稷之实。行迈靡靡，中心如噎。知我者谓我心忧，不知我者谓我何求！悠悠苍天，此何人哉？

这三章诗每章都只更换两三个字，只有“苗”“穗”“实”三字指示时间的变迁，其余“醉”“噎”两字只是为压韵而更换的；在意义上并不十分必要。三章诗合在一块不过是说：“我一年四季心里都在忧愁。”诗人何必把它说一遍又说一遍呢？因为情感原是往复低徊、缠绵不尽的。这三章诗在意义上确似重复而在情感上则不重复。

总之，艺术的任务是在创造意象，但是这种意象必定是受情感饱和的。情感或出于己，或出于人，诗人对于出于己者须跳出来视察，对于出于人者须钻进去体验。情感最易感通，所以“诗可以群”。

“从心所欲，不逾矩”

——创造与格律

三、在艺术方面，受情感饱和的意象是嵌在一种格律里面的。

我们再拿王昌龄的《长信怨》来说，在上文我们已经从想象和情感两个观点研究过它，话虽然已经说得不少，但是如果到此为止，我们就不免抹煞了这首诗的一个极重要的成分。《长信怨》不仅是一种受情感饱和的意象，而这个意象又是嵌在调声压韵的“七绝”体里面的。“七绝”是一种格律。《长信怨》的意象是王昌龄的特创，这种格律却不是他的特创。他以前有许多诗人用它，他以后也有许多诗人用它。它是诗人们父传子、子传孙的一套家当。其他如五古、七古、五律、七律以及词的谱调等等也都是如此。

格律的起源都是归纳的，格律的应用都是演绎的。它本来是自然律，后来才变为规范律。

专就诗来说，我们来看格律如何本来是自然的。

诗和散文不同。散文叙事说理，事理是直截了当、一往无余的，所以它忌讳纡回往复，贵能直率流畅。诗遣兴表情，兴与情都是低徊往复、缠绵不尽的，所以它忌讳直率，贵有一唱三叹之音，使情溢于辞。粗略地说，散文大半用叙述语气，诗大半用惊叹语气。

拿一个实例来说，比如看见一位年轻的姑娘，你如果把这段经验当作“事”来叙，你只须说：“我看见一位年轻姑娘。”如果把它当作“理”来说，你只须说：“她年纪轻所以漂亮。”事既叙过了，理既说明了，你就不必再说什么，听者就可以完全明白你的意思。但是如果你一见就爱了她，你只说“我爱她”还不能了事，因为这句话只是叙述一桩事而不是传达一种情感，你是否真心爱她，旁人在这句话本身中还无从见出。如果你真心爱她，你此刻念她，过些时候还是念她。你的情感来而复去，去而复来。它是一个最不爽快的搅扰者。这种缠绵不尽的神情就要一种缠绵不尽的音节才表现得出。这个道理随便拿一首恋爱诗来看就会明白。比如古诗《华山畿》：

奈何许！天下人何限？慊慊只为汝！

这本来是一首极简短的诗，不是讲音节的好例，但是在这极短的篇幅中我们已经可以领略到一种缠绵不尽的情感，就因为它的音节虽短促而却不直率。它的起句用“许”字落脚，第二句虽然用一个和“许”字不协韵的“限”字，末句却仍回到和“许”字协韵的“汝”字落脚。这种音节是往而复返的。

（由“许”到“限”是往，由“限”到“汝”是返。）它所以往而复返者，就因为情感也是往而复返的。这种道理在较长的诗里更易见出，你把《诗经·卷耳》或是上文所引过的《黍离》玩味一番，就可以明白。

韵只是音节中一个成分。音节除韵以外，在章句长短和平仄交错中也可以见出。章句长短和平仄交错的存在理由也和韵一样，都是顺着情感的自然需要。分析到究竟，情感是心感于物的激动，和脉搏、呼吸诸生理机能都密切相关。这些生理机能的节奏都是抑扬相间，往而复返，长短轻重成规律的。情感的节奏见于脉搏、呼吸的节奏，脉搏、呼吸的节奏影响语言的节奏。诗本来就是一种语言，所以它的节奏也随情感的节奏于往复中见规律。

最初的诗人都无意于规律而自合于规律，后人研究他们的作品，才把潜在的规律寻绎出来。这种规律起初都只是一种总结账，一种统计，例如“诗大半用韵”，“某字大半与某字协韵”，“章句长短大半有规律”，“平声和仄声的交错次第大半如此如此”之类。这本来是一种自然律。后来做诗的人看见前人做法如此，也就如法炮制。从前诗人多用五言或七言，他们于是也用五言或七言；从前诗人五言起句用仄仄平平仄，次句往往用平平仄仄平，于是他们调声也用同样的次第。这样一来，自然律就变成规范律了。诗的声韵如此，其他艺术的格律也是如此，都是把前规看成定例。

艺术上的通行的做法是否可以定成格律，以便后人如法炮制呢?

这是一个很难的问题，绝对的肯定答复和绝对的否定答复都不免有流弊。从历史看，艺术的前规大半是先由自然律变而为规范律，再由规范律变而为死板的形式。一种作风在初盛时，自身大半都有不可磨灭的优点。后来闻风响应者得其形似而失其精神，有如东施学西施捧心，在彼为美者在此反适增其丑。流弊渐深，反动随起，于是文艺上有所谓“革命运动”。文艺革命的首领本来要把文艺从格律中解放出来，但是他们的闻风响应者又把他们的主张定为新格律。这种新格律后来又因经形式化而引起反动。一波未平，一波又起。一部艺术史全是这些推陈翻新、翻新为陈的轨迹。王静安在《人间词话》里所以说：

> 四言敝而有《楚辞》,《楚辞》敝而有五言，五言敝而有七言，古诗敝而有律绝，律绝敝而有词。盖文体通行既久，染指遂多，自成习套。豪杰之士亦难于其中自出新意，故遁而作他体，以自解脱。一切文体所以始盛终衰者，皆由于此。

在西方文艺中，古典主义、浪漫主义、写实主义和象征主义相代谢的痕迹也是如此。各派有各派的格律，各派的格律都有因成习套而“敝”的时候。

格律既可“敝”，又何取乎格律呢？格律都有形式化的倾向，形式化的格律都有束缚艺术的倾向。我们知道这个道理，就应该知道提倡要格律的危险。但是提倡不要格律也是一桩很危险的事。我们固然应该记得格律可以变为死板的形式，但是我们也不要忘记第一流艺术家大半都是从格律中做出来的。比如陶渊明的五古，李太白的七古，王摩诘的五律以及温飞卿、周美成诸人所用的词调，都不是出自作者心裁。

提倡格律和提倡不要格律都有危险，这岂不是一个矛盾么？这并不是矛盾。创造不能无格律，但是只做到遵守格律的地步也决不足与言创造。我们现在把这个道理解剖出来。

诗和其他艺术都是情感的流露。情感是心理中极原始的一种要素。人在理智未发达之前先已有情感；在理智既发达之后，情感仍然是理智的驱遣者。情感是心感于物所起的激动，其中有许多人所共同的成分，也有某个人所特有的成分。这就是说，情感一方面有群性，一方面也有个性，群性是得诸遗传的，是永恒的，不易变化的；个性是成于环境的，是随环境而变化的。所谓“心感于物”，就是以得诸遗传的本能的倾向对付随人而异、随时而异的环境。环境随人随时而异，所以人类的情感时时在变化；遗传的倾向为多数人所共同，所以情感在变化之中有不变化者存在。

这个心理学的结论与本题有什么关系呢？艺术是情感的返

照，它也有群性和个性的分别，它在变化之中也要有不变化者存在。比如单拿诗来说，四言、五言、七言、古、律、绝、词的交替是变化，而音节的需要则为变化中的不变化者。变化就是创造，不变化就是因袭。把不变化者归纳成为原则，就是自然律。这种自然律可以用为规范律，因为它本来是人类共同的情感的需要。但是只有群性而无个性，只有整齐而无变化，只有因袭而无创造，也就不能产生艺术。末流忘记这个道理，所以往往把格律变成死板的形式。

格律在经过形式化之后往往使人受拘束，这是事实，但是这绝不是格律本身的罪过，我们不能因噎废食。格律不能束缚天才，也不能把庸手提拔到艺术家的地位。如果真是诗人，格律会受他奴使；如果不是诗人，有格律他的诗固然腐滥，无格律它也还是腐滥。

古今大艺术家大半都从格律入手。艺术须寓整齐于变化。一味齐整，如钟摆摇动声，固然是单调；一味变化，如市场嘈杂声，也还是单调。由整齐到变化易，由变化到整齐难。从整齐入手，创造的本能和特别情境的需要会使作者在整齐之中求变化以避免单调。从变化入手，则变化之上不能再有变化，本来是求新奇而结果却仍还于单调。

古今大艺术家大半后来都做到脱化格律的境界。他们都从束缚中挣扎得自由，从整齐中酝酿出变化。格律是死方法，全赖人能活用。善用格律者好比打网球，打到娴熟时虽无心于球规而自合于球规，在不识球规者看，球手好像纵横如意，略无牵就规范的痕迹；在识球规者看，他却处处循规蹈矩。姜白石说得好："文以文而工，不以文而妙。"工在格律，而妙则在神髓风骨。

孔夫子自道修养经验说："七十而从心所欲，不逾矩。"这是道德家的极境，也是艺术家的极境。"从心所欲，不逾矩"，艺术的创造活动尽于这七个字了。"从心所欲"者往往"逾矩"，"不逾矩"者又往往不能"从心所欲"。凡是艺术家都要能打破这个矛盾。孔夫子到快要死的时候才做到这种境界，可见循格律而能脱化格律，大非易事了。

“不似则失其所以为诗，似则失其所以为我”

——创造与模仿

创造与格律的问题之外，还有一个和它密切相关的问题，就是创造与模仿。因袭格律本来就已经是一种模仿，不过艺术上的模仿并不限于格律，最重要的是技巧。

技巧可以分为两项说：一项是关于传达的方法，一项是关于媒介的知识。

先说传达的方法。我们在上文见过，凡是创造之中都有欣赏，但是创造却不仅是欣赏。创造和欣赏都要见到一种意境。欣赏见到意境就止步，创造却要再进一步，把这种意境外射到具体的作品上去。见到一种意境是一件事，把这种意境传达出来让旁人领略又是一件事。

比如我此刻想象到一个很美的夜景，其中园亭、花木、湖山、风月，件件都了然于心，可是我不能把它画出来。我何以不能把它画出来呢？因为我不能动手，不能像支配筋肉一样任意活动。我如果勉强动手，我所画出来的全不像我所想出来的，我本来要画一条直线，画出来的线却是七弯八扭，我的手不能听我的心指使。穷究到底，艺术的创造不过是手能从心，不过是能任所欣赏的意象支配筋肉的活动，使筋肉所变的动作恰能把意象画在纸上或是刻在石上。

这种筋肉活动不是天生自在的，它须费一番功夫才学得来。我想到一只虎不能画出一只虎来，但是我想到“虎”字却能信手写一个“虎”字出来。我写“虎”字毫不费事，但是不识字的农夫看我写“虎”字，正犹如我看画家画虎一样可惊羡。一只虎和一个“虎”字在心中时都不过是一种意象，何以“虎”字的意象能供我的手腕作写“虎”字的活动，而虎的意象却不能使我的手腕作画虎的活动呢？这个分别全在有练习与没有练习。我练习过写字，却没有练习过作画。我的手腕筋肉只有写“虎”字的习惯，没有画虎的习惯。筋肉活动成了习惯以后就非常纯熟，可以从心所欲，意到笔随；但是在最初养成这种习惯时，好比小孩子学走路，大人初学游水，都要跌几跤或是喝几次水，才可以学会。

各种艺术都各有它的特殊的筋肉的技巧。例如写字、作画、弹琴等等要有手腕筋肉的技巧，唱歌、吹箫要有喉舌唇齿诸筋肉的技巧，跳舞要有全身筋肉的技巧（严格地说，各种艺术都要有全身筋肉的技巧）。要想学一门艺术，就要先学它的特殊的筋肉的技巧。

学一门艺术的特殊的筋肉技巧，要用什么方法呢？起初都要模仿。“模仿”和“学习”本来不是两件事。姑且拿写字做例来说。小儿学写字，最初是描红，其次是写印本，再其次是临帖。这些方法都是借旁人所写的字做榜样，逐渐养成手腕筋肉的习惯。但是就我自己的经验来说，学写字最得益的方法是站在书家的身旁，看他如何提笔，如何运用手腕，如何使全身筋肉力量贯注在手腕上。他的筋肉习惯已养成了，在实地观察他的筋肉如何动作时，我可以讨一点诀窍来，免得自己去暗中摸索，尤其重要的是免得自己养成不良的筋肉习惯。

推广一点说，一切艺术上的模仿都可以作如是观。比如说作诗作文，似乎没有什么筋肉的技巧，其实也是一理。诗文都要有情感和思想。情感都见于筋肉的活动，我们在前面已经说过。思想离不开语言，语言离不开喉舌的动作。比如想到“虎”字时，喉舌间都不免起若干说出“虎”字的筋肉动作。这是行为派心理学的创见，现在已逐渐为一般心理学家所公认。诗人和文人常欢喜说“思路”，所谓“思路”并无若何玄妙，也不过是筋肉活动所走的特殊方向而已。

诗文上的筋肉活动是否可以模仿呢？它也并不是例外。中国诗人和文人向来着重“气”字，我们现在来把这个“气”字研究一番，就可以知道模仿筋肉活动的道理。曾国藩在《家训》里说过一段话，很可以值得我们注意：

凡作诗最宜讲究声调，须熟读古人佳篇，先之以高声朗诵，以昌其气；继之以密咏恬吟，以玩其味。二者并进，使古人之声调拂拂然若与我喉舌相习，则下笔时必有句调奔赴腕下，诗成自读之，亦自觉琅琅可诵，引出一种兴会来。

从这段话看，可知“气”与声调有关，而声调又与喉舌运动有关。韩昌黎也说过：“气盛则言之短长与声之高下皆宜。”声本于气，所以想得古人之气，不得不求之于声。求之于声，即不能不朗诵。朱晦庵曾经说过：“韩昌黎、苏明允作文，敝一生之精力，皆从古人声响学。”所以从前古文家教人作文的最重朗诵。姚姬传《与陈硕士书》说：

大抵学古文者，必须放声疾读，又缓读，只久之自悟。若但能默看，即终身作外行也。

朗诵既久，则古人之声就可以在我的喉舌筋肉上留下痕迹，“拂拂然若与我之喉舌相习”，到我自己下笔时，喉舌也自然顺这个痕迹而活动，所谓“必有句调奔赴腕下”。要看自己的诗文的气是否顺畅，也要吟哦才行，因为吟哦时喉舌间所习得的习惯动作就可以再现出来。从此可知从前人所谓“气”也就是一种筋肉技巧了。

关于传达的技巧大要如此，现在再讲关于媒介的知识。

什么叫做“媒介”？它就是艺术传达所用的工具。比如颜色、线形是图画的媒介，金石是雕刻的媒介，文字语言是文学的媒介。艺术家对于他所用的媒介也要有一番研究。比如达·芬奇的《最后的晚餐》[①]是文艺复兴时代最大的杰作。但是他的原迹是用一种不耐潮湿的油彩画在一个易受潮湿的墙壁上，所以没过多少时候就剥落消失去了。这就是对于媒介欠研究。再比如建筑，它的媒介是泥石，它要把泥石砌成一个美的形象。建筑家都要有几何学和力学的知识，才能运用泥石；他还要明白他的媒介对于观者所生的影响，才不至于乱用材料。希腊建筑家往往把石柱的腰部雕得比上下都粗壮些，但是看起来它的粗细却和上下一律，因为腰部是受压时最易折断的地方，容易引起它比上下较细弱的错觉，把腰部雕粗些，才可以弥补这种错觉。

在各门艺术之中都有如此等类的关于媒介的专门知识，文学方面尤其显著。诗文都以语言文字为媒介。做诗文的人一要懂得字义，二要懂得字音，三要懂得字句的排列法，四要懂得某字某句的音义对于读者所生的影响。这四样都是专门的学问。前人对于这些学问已逐渐蓄积起许多经验和成绩，而不是任何人只手空拳、毫无凭借地在一生之内所可得到的。自己既不能件件去发明，就不得不利用前人的经验和成绩。文学家对

① 见图十七。——编者注

于语言文字是如此，一切其他艺术家对于他的特殊的媒介也莫不然。各种艺术都同时是一种学问，都有无数年代所积成的技巧。学一门艺术，就要学该门艺术所特有的学问和技巧。这种学习就是利用过去经验，就是吸收已有文化，也就是模仿的一端。

古今大艺术家在少年时所做的功夫大半都偏在模仿。米开朗琪罗费过半生的工夫研究希腊罗马的雕刻，莎士比亚也费过半生的工夫模仿和改作前人的剧本，这是最显著的例。中国诗人中最不像用过工夫的莫过于李太白，但是他的集中摹拟古人的作品极多，只略看看他的诗题就可以见出。杜工部说过：“李侯有佳句，往往似阴铿。”他自己也说过：“解道长江静如练，令人长忆谢玄晖。”他对于过去诗人的关系可以想见了。

艺术家从模仿入手，正如小儿学语言，打网球者学姿势，跳舞者学步法一样，并没有什么玄妙，也并没有什么荒唐。不过这步功夫只是创造的始基。没有做到这步功夫和做到这步功夫就止步，都不足以言创造。我们在前面说过，创造是旧经验的新综合。旧经验大半得诸模仿，新综合则必自出心裁。

像格律一样，模仿也有流弊，但是这也不是模仿本身的罪过。从前学者有人提倡模仿，也有人唾骂模仿，往往都各有各的道理，其实并不冲突。顾亭林的《日知录》里有一条说：

> 诗文之所以代变，有不得不然者。一代之文，沿袭已

久，不容人人皆道此语。今且千数百年矣，而犹取古人之陈言一一而模仿之，以是为诗可乎？故不似则失其所以为诗，似则失其所以为我。

这是一段极有意味的话，但是他的结论是突如其来的。"不似则失其所以为诗"一句和上文所举的理由恰相反。他一方面见到模仿古人不足以为诗，一方面又见到不似古人则失其所以为诗。这不是一个矛盾么?

这其实并不是矛盾。诗和其他艺术一样，须从模仿入手，所以不能不似古人，不似则失其所以为诗；但是它须归于创造，所以又不能全似古人，全似古人则失其所以为我。创造不能无模仿，但是只有模仿也不能算是创造。

凡是艺术家都须有一半是诗人，一半是匠人。他要有诗人的妙悟，要有匠人的手腕。只有匠人的手腕而没有诗人的妙悟，固不能有创作；只有诗人的妙悟而没有匠人的手腕，即创作亦难尽善尽美。妙悟来自性灵，手腕则可得于模仿。匠人虽比诗人身份低，但亦绝不可少。青年作家往往忽略这一点。

"读书破万卷，下笔如有神"

——天才与灵感

知道格律和模仿对于创造的关系，我们就可以知道天才和人力的关系了。

生来死去的人何只恒河沙数？真正的大诗人和大艺术家是在一口气里就可以数得完的。何以同是人，有的能创造，有的不能创造呢？在一般人看，这全是由于天才的厚薄。他们以为艺术全是天才的表现，于是天才成为懒人的借口。聪明人说，我有天才，有天才何事不可为？用不着去下工夫。迟钝人说，我没有艺术的天才，就是下工夫也无益。于是艺术方面就无学问可谈了。

"天才"究竟是什么一回事呢？

它自然有一部分得诸遗传。有许多学者常欢喜替大创造家和大发明家理家谱，说莫扎特有几代祖宗会音乐，达尔文的祖父也是生物学家，曹操一家出了几个诗人。这种证据固然有相当的价值，但是它决不能完全解释天才。同父母的兄弟贤愚往往相差很远。曹操的祖宗有什么大成就呢？曹操的后裔又有什么大成就呢?

天才自然也有一部分成于环境。假令莫扎特生在音阶简单、乐器拙陋的野蛮民族中，也决不能作出许多复音的交响曲。“社会的遗产”是不可蔑视的。文艺批评家常欢喜说，伟大的人物都是他们的时代的骄子，艺术是时代和环境的产品。这话也有不尽然。同是一个时代而成就却往往不同。英国在产生莎士比亚的时代和西班牙是一般隆盛，而当时西班牙并没有产生伟大的作者。伟大的时代不一定能产生伟大的艺术。美国的独立、法国的大革命在近代都是极重大的事件，而当时艺术却卑卑不足高论。伟大的艺术也不必有伟大的时代做背景，席勒和歌德的时代，德国还是一个没有统一的纷乱的国家。

我承认遗传和环境的影响非常重大，但是我相信它们都不能完全解释天才。在固定的遗传和环境之下，个人还有努力的余地。遗传和环境对于人只是一种机会、一种本钱，至于能否利用这种机会，能否拿这笔本钱去做出生意来，则所谓“神而明之，存乎其人”。有些人天资颇高而成就则平凡，他们好比有大本钱而没有做出大生意；也有些人天资并不特异而成就则斐然可观，他们好比拿小本钱而做出大生意。这中间的差别就在努力与不努力了。牛顿可以说是科学家中一个天才了，他常常说：“天才只是长久的耐苦。”这话虽似稍嫌过火，却含有很深的真理。只有死功夫固然不尽能发明或创造，但是能发明创造者却大半是下过死功夫来的。哲学中的康德、科学中的牛顿、雕刻图画中的米开朗琪罗、音乐中的贝多芬、书法中的王羲之、诗中的杜工部，这些实例已经够证明人力的重要，又何必多举呢?

最容易显出天才的地方是灵感。我们只须就灵感研究一番，就可以见出天才的完成不可无人力了。

杜工部尝自道经验说:“读书破万卷，下笔如有神。”所谓“灵感”就是杜工部所说的“神”，“读书破万卷”是功夫，“下笔如有神”是灵感。据杜工部的经验看，灵感是从功夫出来的。如果我们借心理学的帮助来分析灵感，也可以得到同样的结论。

灵感有三个特征:

一、它是突如其来的，出于作者自己意料之外的。根据灵感的作品大半来得极快。从表面看，我们寻不出预备的痕迹。作者丝毫不费心血，意象涌上心头时，他只要信笔疾书。有时作品已经创造成功了，他自己才知道无意中又成了一件作品。歌德著《少年维特之烦恼》的经过，便是如此。据他自己说，他有一天听到一位少年失恋自杀的消息，突然间仿佛见到一道光在眼前闪过，立刻就想出全书的间架。他费两个星期的工夫一口气把它写成。在复看原稿时，他自己很惊讶，没有费力就写成一本书，告诉人说:“这部小册子好像是一个患睡行症者在梦中作成的。”

二、它是不由自主的，有时苦心搜索而不能得的偶然在无意之中涌上心头。希望它来时它偏不来，不希望它来时它却蓦然出现。法国音乐家柏辽兹有一次替一首诗作乐谱，全诗都谱成了，只有收尾一句（“可怜的兵士，我终于要再见法兰西！”）无法可谱。他再四思索，不能想出一段乐调来传达这句诗的情思，终于把它搁起。两年之后，他到罗马去玩，失足落水，爬起来时口里所唱的乐调，恰是两年前所再四思索而不能得的。

三、它也是突如其去的，练习作诗文的人大半都知道“败兴”的味道。“兴”也就是灵感。诗文和一切艺术一样都宜于乘兴会来时下手。兴会一来，思致自然滔滔不绝。没有兴会时写一句极平常的话倒比写什么还难。兴会来时最忌外扰。本来文思正在源源而来，外面狗叫一声，或是墨水猛然打倒了，便会把思路打断。断了之后就想尽方法也接不上来。谢无逸问潘大临近来作诗没有，潘大临回答说：“秋来日日是诗思，昨日捉笔得‘满城风雨近重阳’之句，忽催租人至，令人意败。辄以此一句奉寄。”这是“败兴”的最好的例子。

灵感既然是突如其来，突然而去，不由自主，那不就无法可以用人力来解释么？从前人大半以为灵感非人力，以为它是神灵的感动和启示。在灵感之中，仿佛有神灵凭附作者的躯体，暗中驱遣他的手腕，他只是坐享其成。但是从近代心理学发见潜意识活动之后，这种神秘的解释就不能成立了。

什么叫做“潜意识”呢？我们的心理活动不尽是自己所能觉到的。自己的意识所不能察觉到的心理活动就属于潜意识。

意识既不能察觉到，我们何以知道它存在呢？变态心理中有许多事实可以为凭。比如说催眠，受催眠者可以谈话、做事、写文章、做数学题，但是醒过来后对于催眠状态中所说的话和所做的事往往完全不知道。此外还有许多精神病人现出“两重人格”。例如一个人乘火车在半途跌下，把原来的经验完全忘记，换过姓名在附近镇市上做了几个月的买卖。有一天他忽然醒过来，发现身边事物都是不认识的，才自疑何以走到这么一个地方。旁人告诉他说他在那里开过几个月的店，他绝对不肯相信。心理学家根据许多类似事实，断定人于意识之外又有潜意识，在潜意识中也可以运用意志、思想，受催眠者和精神病人便是如此。在通常健全心理中，意识压倒潜意识，只让它在暗中活动。在变态心理中，意识和潜意识交替来去。它们完全分裂开来，意识活动时潜意识便沉下去，潜意识涌现时，便把意识淹没。

灵感就是在潜意识中酝酿成的情思猛然涌现于意识。它好比伏兵，在未开火之前，只是鸦雀无声地准备，号令一发，它乘其不备地发动总攻击，一鼓而下敌。在没有侦探清楚的敌人（意识）看，它好比周亚夫将兵从天而至一样。这个道理我们可以拿一件浅近的事实来说明。我们在初练习写字时，天天觉得自己在进步，过几个月之后，进步就猛然停顿起来，觉得字越写越坏。但是再过些时候，自己又猛然觉得进步。进步之后又停顿，停顿之后又进步，如此辗转几次，字才写得好。学别的技艺也是如此。据心理学家的实验，在进步停顿时，你如果索性不练习，把它丢开去做旁的事，过些时候再起手来写，字仍然比停顿以前较进步。这是什么道理呢？就因为在意识中思索的东西应该让它在潜意识中酝酿一些时候才会成熟。功夫没有错用的，你自己以为劳而不获，但是你在潜意识中实在仍然于无形中收效果。所以心理学家有“夏天学溜冰，冬天学泅水”的说法。溜冰本来是在前一个冬天练习的，今年夏天你虽然是在做旁的事，没有想到溜冰，但是溜冰的筋肉技巧却恰在这个不溜冰的时节暗里培养成功。一切脑的工作也是如此。

灵感是潜意识中的工作在意识中的收获。它虽是突如其来，却不是毫无准备。法国大数学家潘嘉赉常说他的关于数学的发明大半是在街头闲逛时无意中得来的。但是我们从来没有听过有一个人向来没有在数学上用功夫，猛然在街头闲逛时发明数学上的重要原则。在罗马落水的如果不是素习音乐的柏辽兹，跳出水时也决不会随口唱出一曲乐调。他的乐调是费过两年的潜意识酝酿的。

从此我们可以知道“读书破万卷，下笔如有神”两句诗是至理名言了。不过灵感的培养正不必限于读书。人只要留心，处处都是学问。艺术家往往在他的艺术范围之外下功夫，在别种艺术之中玩索得一种意象，让它沉在潜意识里去酝酿一番，然后再用他的本行艺术的媒介把它翻译出来。吴道子生平得意的作品为洛阳天宫寺的神鬼，他在下笔之前，先请斐旻舞剑一曲给他看，在剑法中得着笔意。张旭是唐朝的草书大家，他尝自道经验说："始吾见公主担夫争路，而得笔法之意；后见公孙氏舞剑器，而得其神。"王羲之的书法相传是从看鹅掌拨水得来的。[①]法国大雕刻家罗丹也说道："你问我在什么地方学来的雕刻？在深林里看树，在路上看云，在雕刻室里研究模型学来的。我在到处学，只是不在学校里。"

从这些实例看，我们可知各门艺术的意象都可触类旁通。书画家可以从剑的飞舞或鹅掌的拨动之中得到一种特殊的筋肉感觉来助笔力，可以得到一种特殊的胸襟来增进书画的神韵和气势。推广一点说，凡是艺术家都不宜只在本行小范围之内用功夫，须处处留心玩索，才有深厚的修养。鱼跃鸢飞，风起水涌，以至于一尘之微，当其接触感官时我们虽常不自觉其在心灵中可生若何影响，但是到挥毫运斤时，他们都会涌到手腕上来，在无形中驱遣它、左右它。在作品的外表上我们虽不必看出这些意象的痕迹，但是一笔一划之中都潜寓它们的神韵和气魄，这样意象的蕴蓄便是灵感的培养。它们在潜意识中好比桑叶到了蚕腹，经过一番咀嚼组织而成丝，丝虽然已不是桑叶而却是从桑叶变来的。

① 见图六。——编者注

“慢慢走，欣赏啊！”

——人生的艺术化

一直到现在，我们都是讨论艺术的创造与欣赏。在收尾这一节中，我提议约略说明艺术和人生的关系。

我在开章明义时就着重美感态度和实用态度的分别，以及艺术和实际人生之中所应有的距离，如果话说到这里为止，你也许误解我把艺术和人生看成漠不相关的两件事。我的意思并不如此。

人生是多方面而却互相和谐的整体，把它分析开来看，我们说某部分是实用的活动，某部分是科学的活动，某部分是美感的活动，为正名析理起见，原应有此分别；但是我们不要忘记，完满的人生见于这三种活动的平均发展，它们虽是可分别的而却不是互相冲突的。“实际人生”比整个人生的意义较为窄狭。一般人的错误在把它们认为相等，以为艺术对于“实际人生”既是隔着一层，它在整个人生中也就没有什么价值。有些人为维护艺术的地位，又想把它硬纳到“实际人生”的小范围里去。这班人不但是误解艺术，而且也没有认识人生。我们把实际生活看作整个人生之中的一片段，所以在肯定艺术与实际人生的距离时，并非肯定艺术与整个人生的隔阂。严格地说，离开人生便无所谓艺术，因为艺术是情趣的表现，而情趣的根源就在人生；反之，离开艺术也便无所谓人生，因为凡是创造和欣赏都是艺术的活动，无创造、无欣赏的人生是一个自相矛盾的名词。

人生本来就是一种较广义的艺术。每个人的生命史就是他自己的作品。这种作品可以是艺术的，也可以不是艺术的，正犹如同是一种顽石，这个人能把它雕成一座伟大的雕像，而另一个人却不能使它“成器”，分别全在性分与修养。知道生活的人就是艺术家，他的生活就是艺术作品。

过一世生活好比做一篇文章。完美的生活都有上品文章所应有的美点。

第一，一篇好文章一定是一个完整的有机体，其中全体与部分都息息相关，不能稍有移动或增减。一字一句之中都可以见出全篇精神的贯注。比如陶渊明的《饮酒》诗本来是“采菊东篱下，悠然见南山”，后人把“见”字误印为“望”字，原文的自然与物相遇相得的神情便完全丧失。这种艺术的完整性在生活中叫做“人格”。凡是完美的生活都是人格的表现。大而进退取与，小而声音笑貌，都没有一件和全人格相冲突。不肯为五斗米折腰向乡里小儿，是陶渊明的生命史中所应有的一段文章，如果他错过这一个小节，便失其为陶渊明。下狱不肯脱逃，临刑时还叮咛嘱咐还邻人一只鸡的债，是苏格拉底的生命史中所应有的一段文章，否则他便失其为苏格拉底。这种生命史才可以使人把它当作一幅图画去惊赞，它就是一种艺术的杰作。

其次，“修辞立其诚”是文章的要诀，一首诗或是一篇美文一定是至性深情的流露，存于中然后形于外，不容有丝毫假借。情趣本来是物我交感共鸣的结果。景物变动不居，情趣亦自生生不息。我有我的个性，物也有物的个性，这种个性又随时地变迁而生长发展。每人在某一时会所见到的景物，和每种景物在某一时会所引起的情趣，都有它的特殊性，断不容与另一人在另一时会所见到的景物，和另一景物在另一时会所引起的情趣，完全相同。毫厘之差，微妙所在。在这种生生不息的情趣中，我们可以见出生命的创化。把这种生命流露于语言文字，就是好文章；把它流露于言行风采，就是美满的生命史。

文章忌俗滥，生活也忌俗滥。俗滥就是自己没有本色而蹈袭别人的成规旧矩。西施患心病，常捧心颦眉，这是自然的流露，所以愈增其美。东施没有心病，强学捧心颦眉的姿态，只能引人嫌恶。在西施是创作，在东施便是滥调。滥调起于生命的枯渴，也就是虚伪的表现。“虚伪的表现”就是“丑”，克罗齐已经说过。“风行水上，自然成纹”，文章的妙处如此，生活的妙处也是如此。在什么地位，是什样的人，感到什样情趣，便现出什样言行风采，叫人一见就觉其谐和完整，这才是艺术的生活。

俗语说得好，“惟大英雄能本色”，所谓艺术的生活就是本色的生活。世间有两种人的生活最不艺术，一种是俗人，一种是伪君子。“俗人”根本就缺乏本色，“伪君子”则竭力遮盖本色。朱晦庵有一首诗说：

半亩方塘一鉴开，天光云影共徘徊。
问渠那得清如许？为有源头活水来。

艺术的生活就是有“源头活水”的生活。俗人迷于名利，与世浮沉，心里没有“天光云影”，就因为没有源头活水。他们的大病是生命的干枯。“伪君子”则于这种“俗人”的资格之上，又加上“沐猴而冠”的伎俩。他们的特点不仅见于道德上的虚伪，一言一笑、一举一动，都叫人起不美之感。谁知道风流名士的架子之中掩藏了几多行尸走肉？无论是“俗人”或是“伪君子”，他们都是生活上的“苟且者”，都缺乏艺术家在创造时所应有的良心。像柏格森所说的，他们都是“生命的机械化”，只能作喜剧中的角色。生活落到喜剧里去的人大半都是不艺术的。

艺术的创造之中都必寓有欣赏，生活也是如此。一般人对于一种言行常欢喜说它“好看”“不好看”，这已有几分是拿艺术欣赏的标准去估量它。但是一般人大半不能彻底，不能拿一言一笑、一举一动纳在全部生命史里去看，他们的“人格”观念太淡薄，所谓“好看”“不好看”往往只是“敷衍面子”。善于生活者则彻底认真，不让一尘一芥妨碍整个生命的和谐。一般人常以为艺术家是一班最随便的人，其实在艺术范围之内，艺术家是最严肃不过的。在锻炼作品时常呕心呕肝，一笔一划也不肯苟且。王荆公作“春风又绿江南岸”一句诗时，原来“绿”字是“到”字，后来由“到”字改为“过”字，由“过”字改为“入”字，由“入”字改为“满”字，改了十几次之后才定为“绿”字。即此一端可以想见艺术家的严肃了。善于生活者对于生活也是这样认真。曾子临死时记得床上的席子是季路的，一定叫门人把它换过才瞑目。吴季札心里已经暗许赠剑给徐君，没有实行徐君就已死去，他很郑重地把剑挂在徐君墓旁树上，以见“中心契台死生不渝”的风谊。像这一类的言行看来虽似小节，而善于生活者却不肯轻易放过，正犹如诗人不肯轻易放过一字一句一样。小节如此，大节更不消说。董狐宁愿断头不肯掩盖史实，夷齐饿死不愿降周，这种风度是道德的也是艺术的。我们主张人生的艺术化，就是主张对于人生的严肃主义。

艺术家估定事物的价值，全以它能否纳入和谐的整体为标准，往往出于一般人意料之外。他能看重一般人所看轻的，也能看轻一般人所看重的。在看重一件事物时，他知道执着；在看轻一件事物时，他也知道摆脱。艺术的能事不仅见于知所取，尤其见于知所舍。苏东坡论文，谓如水行山谷中，行于其所不得不行，止于其所不得不止。这就是取舍恰到好处，艺术化的人生也是如此。善于生活者对于世间一切，也拿艺术的口胃去评判它，合于艺术口胃者毫毛可以变成泰山，不合于艺术口胃者泰山也可以变成毫毛。他不但能认真，而且能摆脱。在认真时见出他的严肃，在摆脱时见出他的豁达。孟敏堕甑，不顾而去，郭林宗见到以为奇怪。他说："甑已碎，顾之何益？"哲学家斯宾诺莎宁愿靠磨镜过活，不愿当大学教授，怕妨碍他的自由。王徽之居山阴，有一天夜雪初霁，月色清朗，忽然想起他的朋友戴逵，便乘小舟到剡溪去访他，刚到门口便把船划回去。他说："乘兴而来，兴尽而返。"这几件事彼此相差很远，却都可以见出艺术家的豁达。伟大的人生和伟大的艺术都要同时并有严肃与豁达之胜。晋代清流大半只知道豁达而不知道严肃，宋朝理学又大半只知道严肃而不知道豁达。陶渊明和杜子美庶几算得恰到好处。

一篇生命史就是一种作品，从伦理的观点看，它有善恶的分别；从艺术的观点看，它有美丑的分别。善恶与美丑的关系究竟如何呢？

就狭义说，伦理的价值是实用的，美感的价值是超实用的；伦理的活动都是有所为而为，美感的活动则是无所为而为。比如仁义忠信等等都是善，问它们何以为善，我们不能不着眼到人群的幸福。美之所以为美，则全在美的形象本身，不在它对于人群的效用（这并不是说它对于人群没有效用）。假如世界上只有一个人，他就不能有道德的活动，因为有父子才有慈孝可言，有朋友才有信义可言。但是这个想象的孤零零的人还可以有艺术的活动，他还可以欣赏他所居的世界，他还可以创造作品。善有所赖而美无所赖，善的价值是“外在的”，美的价值是“内在的”。

不过这种分别究竟是狭义的。就广义说，善就是一种美，恶就是一种丑。因为伦理的活动也可以引起美感上的欣赏与嫌恶。希腊大哲学家柏拉图和亚里士多德讨论伦理问题时都以为善有等级，一般的善虽只有外在的价值，而“至高的善”则有内在的价值。这所谓“至高的善”究竟是什么呢？柏拉图和亚里士多德本来是一走理想主义的极端，一走经验主义的极端，但是对于这个问题，意见却是一致。他们都以为“至高的善”在“无所为而为的玩索”（Disinterested Contem plation）。这种见解在西方哲学思潮上影响极大，斯宾诺莎、黑格尔、叔本华的学说都可以参证。从此可知西方哲人心目中的“至高的善”还是一种美，最高的伦理的活动还是一种艺术的活动了。

“无所为而为的玩索”何以看成“至高的善”呢？这个问题牵到西方哲人对于神的观念。从耶稣教盛行之后，神才是一个大慈大悲的道德家。在希腊哲人以及近代莱布尼兹、尼采、叔本华诸人的心目中，神却是一个大艺术家，他创造这个宇宙出来，全是为着自己要创造、要欣赏。其实这种见解也并不减低神的身份。耶稣教的神只是一班穷叫化子中的一个肯施舍的财主佬，而一般哲人心中的神，则是以宇宙为乐曲而要在这种乐曲之中见出和谐的音乐家。这两种观念究竟是哪一个伟大呢？在西方哲人想，神只是一片精灵，他的活动绝对自由而不受限制，至于人则为肉体的需要所限制而不能绝对自由。人愈能脱肉体需求的限制而作自由活动，则离神亦愈近。“无所为而为的玩索”是唯一的自由活动，所以成为最上的理想。

这番话似乎有些玄渺，在这里本来不应说及。不过无论你相信不相信，有许多思想却值得当作一个意象悬在心眼前来玩味玩味。我自己在闲暇时也欢喜看看哲学书籍。老实说，我对于许多哲学家的话都很怀疑，但是我觉得他们有趣。我以为穷到究竟，一切哲学系统也都只能当作艺术作品去看。哲学和科学穷到极境，都是要满足求知的欲望。每个哲学家和科学家对于他自己所见到的一点真理（无论它究竟是不是真理）都觉得有趣味，都用一股热忱去欣赏它。真理在离开实用而成为情趣中心时就已经是美感的对象了。“地球绕日运行”“勾方加股方等于弦方”一类的科学事实，和《密罗斯爱神》或《第九交响曲》一样可以摄魂震魄。科学家去寻求这一类的事实，穷到究竟，也正因为它们可以摄魂震魄。所以科学的活动也还是一种艺术的活动，不但善与美是一体，真与美也并没有隔阂。

艺术是情趣的活动，艺术的生活也就是情趣丰富的生活。人可以分为两种，一种是情趣丰富的，对于许多事物都觉得有趣味，而且到处寻求享受这种趣味；一种是情趣干枯的，对于许多事物都觉得没有趣味，也不去寻求趣味，只终日拼命和蝇蛆在一块争温饱。后者是俗人，前者就是艺术家。情趣愈丰富，生活也愈美满，所谓人生的艺术化就是人生的情趣化。

“觉得有趣味”就是欣赏。你是否知道生活，就看你对于许多事物能否欣赏。欣赏也就是“无所为而为的玩索”。在欣赏时人和神仙一样自由，一样有福。

阿尔卑斯山谷中有一条大汽车路，两旁景物极美，路上插着一个标语牌劝告游人说：“慢慢走，欣赏啊！”许多人在这车如流水马如龙的世界过活，恰如在阿尔卑斯山谷中乘汽车兜风，匆匆忙忙地急驰而过，无暇一回首流连风景，于是这丰富华覆的世界便成为一个了无生趣的囚牢。这是一件多么可惋惜的事啊！

朋友，在告别之前，我采用阿尔卑斯山路上的标语，在中国人告别习用语之下加上三个字奉赠：

“慢慢走，欣赏啊！”

光潜

一九三二年夏，莱茵河畔

不完美，才是美

第二编

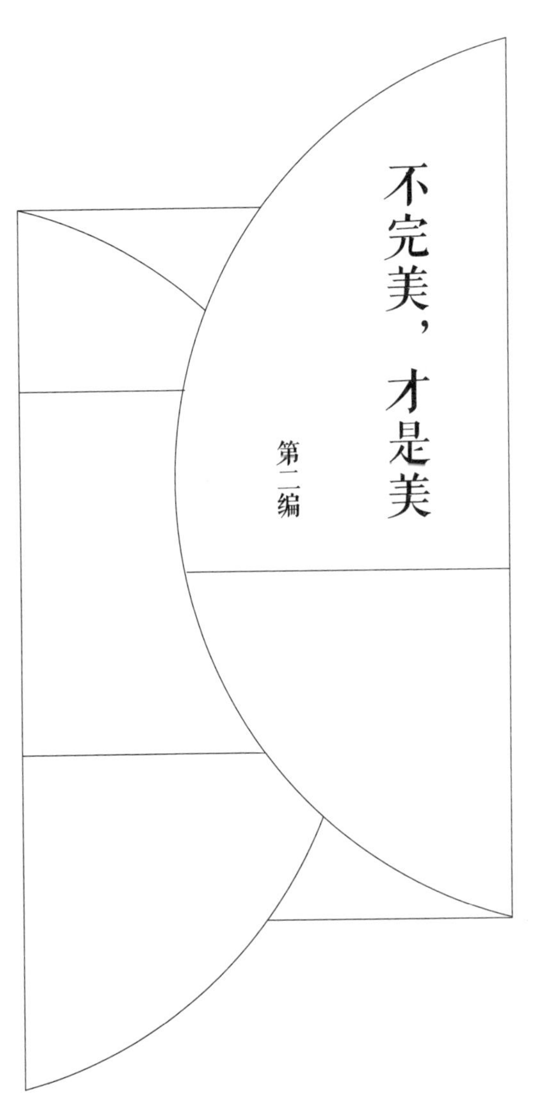

我们所居的世界是最完美的，就因为它是最不完美的。这话表面看去，不通已极。但是实在含有至理。

艺术是一种生产劳动

朋友们：

前两信收尾时曾谈到马克思的辩证唯物主义彻底解决了人与自然、主体与客体、心与物这些对立面的统一，现在就单从艺术方面来看这种辩证统一是如何通过劳动来实现的。艺术是一种生产劳动，是精神方面的生产劳动，其实精神生产与物质生产是一致的，而且是互相依存的。我们的根据主要是马克思的《经济学—哲学手稿》、《资本论》第一卷里关于“劳动”和恩格斯的《自然辩证法》中关于“从猿到人”的论述。

在《经济学—哲学手稿》里，马克思要论证人类何以必然要废除资本主义社会的私有制，才能达到共产主义。他是从劳动者及其劳动来看这个问题的。在私有制之下，一切财富都是由劳动者生产出来的，而劳动者却不但被剥夺去他的生产资料、生活资料和劳动产品，而且还被剥夺去他作为社会人的“本质力量”或固有才能，沦为机器零件，沦为商品，过着非人的生活。马克思把这种情况叫做“异化”。要彻底废除私有制，才能彻底消除这种“异化”，才能进入共产主义。马克思给真正的共产主义下了一个意义深远的定义：

共产主义就是作为人的自我异化的私有制的彻底废除，因而就是通过人而且为着人，来真正占有人的本质。所以共产主义就是人在前此发展出来的全部财富范围之内，全面地自觉地回到人自己，即回到一种社会性的（即人性的）人的地位。这种共产主义作为完善化的（“完善化的”，即“充分发展的”“彻底的”）自然主义，就等于人道主义；作为完善化的人道主义也就等于自然主义。共产主义就是人与自然之间和人与人之间的对立冲突的真正解决，也就是存在与本质，对象化与自我肯定，自由与必然，个体与物种之间纠纷的真正解决。共产主义就是历史谜语的解决，而且认识到自己就是这种解决。（本篇所引《经济学—哲学手稿》《资本论》和《自然辩证法》三部经典著作的译文都根据德文版重新作了校正，书中不再一一注明中译本页码。）

这是辩证唯物主义的一个较早的提法，是贯串在全部手稿中的一条红线。马克思在下文又就人与社会的关系作了补充：

自然中所含的人性的本质只有对于社会的人才存在；因为在社会里，自然对于人才作为人和人的联系纽带而存

> 在——他为旁人而存在，旁人也为他而存在——这是人类世界的生活要素（“要素”，即“基本原则”）。只有这样，自然才作为人自己的人性的存在的基础而存在。只有这样，对人原是自然的存在才变成他的人性的存在，自然对于他就成了人。因此，社会就是人和自然的完善化的统一体——自然的真正复活——人的彻底的自然主义和自然的彻底的人道主义。

从此可见，人道主义与自然主义的辩证统一含有两点互相因依的要义：人之中有自然，自然之中也有人。人得到充分发展要靠自然得到充分发展，自然得到充分发展也要靠人得到充分发展。自然是人的肉体食粮和精神食粮的来源，是人的生产劳动的基础和手段。人在劳动中才开始形成社会。生产劳动就是社会性的人凭他的本质力量对自然的加工改造。在这过程中，自然日益受到人的改造，就日益丰富化，就成了“人化的自然”；人发挥了他的本质力量，就是肯定了他自己，他的本质力量就在改造的自然中“对象化”了，因而也日益加强和提高了。这就是人在改造自然之中也改造了自己。人类历史就这样日益进展下去，直到共产主义，人和自然双方都会得到充分发展，这就是“人的彻底的自然主义和自然的彻底的人道主义”的辩证统一。

中国先秦诸子有一句老话：“人尽其能，地尽其利。”“人尽其能”就是彻底的人道主义，“地尽其利”就是彻底的自然主义。不过这句中国老话没有揭示人与自然的统一和互相因依，只表达了对太平盛世的一种朴素的愿望。马克思却不仅揭示了人与自然的统一，而且替共产主义奠定了一个稳实的哲学基础，实际上也替美学和艺术奠定了一个马克思主义的哲学基础。就是在讨论人与自然的统一时，马克思提出了“美的规律”，我们不妨细心研究一下马克思的原话：

> 通过实践来创造一个对象世界，即对有机自然界进行加工改造，就证实了人是一种存在……动物固然也生产，它替自己营巢造窝，例如蜜蜂、海狸和蚂蚁之类。但是动物只制造它自己及其后代直接需要的东西，它们只片面地生产，而人却全面地生产；动物只有在肉体直接需要的支配之下才生产，而人却在不受肉体需要的支配时也生产，而且只有在不受肉体需要的支配时，人才真正地生产；动物只生产动物，而人却再生产整个自然界；动物的产品直接联系到它的肉体，而人却自由地对待他的产品。动物只按照它所属的那个物种的标准和需要去制造，而人却知道怎样按照每个物种的标准来生产，而且知道怎样到处把本身固有的标准运用到对象上来制造，因此，人还按照美的规律来制造。

从这段重要文献可以看出以下几点：

一、精神生产和物质生产的一致性。人通过劳动实践对自然加工改造，创造出一个对象世界。这条原则既适用于工农业的物质生产，也适用于包括文艺在内的精神生产。这两种生产都既要根据自然，又要对自然加工改造，这就肯定了文艺的现实主义，排除了文艺流派中的自然主义。

二、人不同于动物在于人有自意识（即自觉性）。他意识到自己就是人类一个成员，而且根据这种认识来生产。动物只在受肉体直接需要的支配之下片面地生产，人却是根据人类的深远需要全面地自由地生产。这就肯定了文艺的广阔题材和社会功用。具体的实例是蜜蜂营巢和建筑师仿制蜂房的分别。

三、“人还按照美的规律来制造”。人的生产无论是精神的还是物质的，都与美有联系，而美有美的规律。这句话前面有“因此”连接词，足见是总结全段上文。“此”显然指上文所列的两条：一条是“人知道怎样按照每个物种的标准来生产”。标准就是由每个物种的需要来决定的规律。动物只按自己所属的那个物种的直接需要来制造，例如蜂营巢，人却全面地自由地生产，能运用每个物种的标准，例如建筑师既能仿制蜂巢，又能建造高楼大厦和其他工程。这就是前一条的要求。另一条比前一条更进了一步，“人知道怎样到处把本身固有的标准运用到对象上去来制造”。这本身固有标准是属于对象的，也就是根据对象本身固有的规律。恩格斯论述“从猿到人”时说：“我们对自然界的整个统治，是在于我们比一切其他动物强，能够认识和正确运用自然规律。”马克思所说的“对象本身固有的规律”也就是恩格斯所说的“自然规律”。就文艺来说，这就涉及认识整个客观世界和人们所曾探讨的文艺本身的各种规律。可见“美的规律”是非常广泛的，也可以说就是美学本身的研究对象。

马克思在《经济学—哲学手稿》里还说过：“人是用全面的方式，因而是作为整体的人，来掌握他的全面本质。”这个“人的整体”观点也是文艺方面的一条基本规律。“本质”有时也叫做“本质力量”，究竟是些什么呢？马克思举例如下：

> 视，听，嗅，味，触，思维，观照，情感，意志，活动，生活，总之，人的个体所有的全部器官，以及在形式上属于社会器官（“社会器官”，即交流思想情感的器官，主要指语言器官）一类的那些器官，都是针对着对象，要占领或掌管该对象，要占领或掌管人类的现实界，它们针对对象的活动就是人类的现实生活的活动。

过去心理学只把视、听、嗅、味、触叫做“五官”，每一种器官管一种感觉。马克思把器官扩大到人的肉体和精神两方面的全部本质力量和功能。五官之外他还提到思维、意志、情感（在另一段还提到“爱情”）。器官的功用不仅在认识或知觉，更重要的是“占领或掌管人类的现实界”的“人类现实生活的活动”。这就必然要包括生产劳动的实践活动，其中包括艺术和审美活动。各种感官都是在长期历史发展中由实践经验逐渐形成的。“各种感官的形成是从古到今全部世界史的工作成果。”

举听觉为例，马克思说过：

> 正如只有音乐才能唤醒人的音乐感觉，对于不懂音乐的耳朵，最美的音乐也没有意义，就不是它的对象，因为我的对象只能是我的本质的表现。

这两句极简单的话解决了美和美感以及美的主观性或客观性的问题。上句说音乐美感须以客观存在的音乐为先决条件，下句说音乐美也要靠有“懂音乐的耳朵”这个主观条件。请诸位想一想：一、美单是主观的，或单是客观的吗？二、美能否离开美感而独立存在呢？想通了这两个问题，许多美学上的问题就可迎刃而解了。

马克思的《资本论》是他的思想成熟时期的主要著作，它是否就已抛弃了《经济学—哲学手稿》的一些基本论点呢？我们现在就来研究一下《资本论》第一卷第三篇第五章中马克思对“劳动过程”所作的著名的总结，其中关键性段落如下：

> 劳动首先是人和自然都参加的一种过程，在这种过程

中，人凭自己的活动作为媒介，来调节和控制他跟自然之间的物质交换。人自己也作为一种自然物质来对待自然物质。他为着要用一种对自己生活有利的方式去占领自然物质，于是发动肉体的各种自然力，例如肩膀、腿以及头和手。人在通过这种运动对自然加工改造之中，也就在改造他本身的自然（本性），促使他的原来睡眠着的各种潜力得到发展，并且服从他的控制。我们在这里讨论的不是原始动物的本能的劳动，现在的劳动是由劳动者拿到市场上出卖的一种商品，和原始动物的本能劳动的情况已隔着无数亿万年了。我们现在谈的是人类所特有的那种劳动。蜘蛛结网，颇类似织工纺织；蜜蜂用蜡来造蜂房，使许多人类建筑师都感到惭愧。但是就连最拙劣的建筑师也比最灵巧的蜜蜂要高明，因为建筑师在着手用蜡来造蜂房之前，就已经在头脑里把那蜂房构成了。劳动过程结束时所取得的成果在劳动过程开始时就已存在于劳动者的观念中了，已经以观念的形式存在着了。他不仅造成自然物的一种形态改变，同时还在自然中实现了他所意识到的目的。这个目的就给他的动作的方式和方法规定了法则（或规律）。他还必须使自己的意志服从这个目的。这种服从并不仅在一些零散动作上，而是在整个劳动过程中各种劳动器官都要紧张起来，此外还要行使符合目的的意志，具体表现为集中注意（聚精会神）。劳动的内容和进行方式对劳动者（须有吸引力)[1]，吸引力愈少，劳动者就愈不能从劳动中感到运用肉体和精神两方面的各种力量的乐趣，同时也就愈需要加强集中注意。

这段引文有以下几个要点值得特别注意：

一、开宗明义就指出“劳动首先是人和自然都参加的一种过程”，说明主体和客体都不可偏废。人在劳动过程中改造了自然也改造了自己。这还是贯串在《经济学—哲学手稿》中的人道主义与自然主义统一那条红线。

二、这里沿用了蜜蜂造蜂房的例证来重申人的自觉性。人与动物的分别在人在劳动生产之前心里已先有蓝图，有了观念（Idee，即“意象”）和目的（生产品的功用），而这个目的就规定了动作的方式和方法的法则（规律），即《经济学—哲学手稿》中“物种标准”和对象“本身固有的规律”。成品出产以前先以观念或意象（蓝图）的形式存在脑里，这就肯定了形象思维。

三、这里重申了各种劳动器官的全面合作，都要紧张起来，这就表现为“注意”或“聚精会神”。能引起“注意”和“紧张”就说明劳动的内容和方式都有吸引力，使劳动者在劳动中感到发挥全身本质力量的“乐趣”。这“乐趣”就是美感。美感首先是由生产劳动本身引起的。所以说，艺术起源于劳动。

《经济学—哲学手稿》和《资本论》里的论“劳动”对未

① 括号中内容是为了读起来通顺而加入的。——作者原注

来美学的发展具有我们多数人还没有想象到的重大意义。它们会造成美学领域的彻底革命，我们只消回顾一下已往统治西方美学的从康德到克罗齐那一系列的唯心主义大师的论点，把它们和马克思主义的论点细心比较一下，便会明白这个道理。

《资本论》里关于“劳动”的论述足以证明马克思在成熟时期并没有放弃《经济学—哲学手稿》中的一些基本论点。能证明这一点的还有恩格斯的《自然辩证法》中的关于“从猿到人”的论述。这篇一八七六年才写成的论文是《经济学—哲学手稿》的最透辟的阐明和进一步的发挥。文字较通俗易读，读者如果细心对照一下，便会看出它和《经济学—哲学手稿》是一脉相承的。

恩格斯也是从生产劳动来看人和社会发展的。他一开始就说：“劳动和自然界一起才是一切财富的源泉……它是整个人类生活的第一基本条件……劳动创造了人本身。”在人本身各种器官之中恩格斯特别强调了人手、人脑和语言器官的特殊作用。人手在劳动中得到高度发展，到能制造劳动工具时，手才“变得自由”，“所以人手不仅是劳动的工具，它还是劳动的产物”。人手在长期历史发展中通过劳动愈来愈完善、愈灵巧：

> 在这个基础上人手才能仿佛凭着魔力似地产生了拉斐尔的绘画、托尔瓦德森的雕刻以及帕格尼尼的音乐。

这个实例就足能生动地说明艺术起源于劳动了。

恩格斯还根据达尔文的生长关联律，证明手不是孤立的，手的改变也引起脚和其他器官的改变。人脚能直立，行动更方便，人的眼界也扩大了，在自然事物中不断发见新的属性了。劳动的发展必然促进人与人的互助协作，“到了彼此间有些什么非说不可了”，这就产生了语言的器官。语言是从劳动中并和劳动一起产生出来的。不但人，就连某些动物（如鸟），也能学会一种语言，从此就获得“依恋、感谢等等表现情感的能力”了。“首先是劳动，然后是语言和劳动一起，成了两个最主要的推动力，使人的脑髓及其所统辖的各种器官一齐发展起来，日渐趋于完善化，从而人的意识也愈来愈清楚，抽象能力和推理能力也日渐发展起来了。等到人完全形成，就产生了社会这个新因素，作为一种有力的推动力，同时也使人的行动有更确定的方向。”

这里说的“社会”不是本能式的社会性，而是有组织的形成制度的团体。有了社会，“人有能力进行愈来愈复杂的活动，提出和达到愈来愈高的目的”，劳动本身也日益多样化和完善化。游牧打猎之外又有了农业，商业，手工业和航行术。接着恩格斯对社会发展史作了简括的叙述：

> 同商业和手工业一起，最后出现了艺术和科学，从部落发展成了民族和国家。法律和政治发展起来了，而且和

它们一起，人的存在在人脑中的幻想的反映——宗教，也发展起来了。

由于这些意识形态都“首先表现为头脑的产物”，头脑似乎是统治着人类社会的东西，手所制造的东西就退到次要地位，手的活动便仿佛只是执行脑所计划好的劳动，人们便习惯于把全部文明归功于脑的活动即思维的活动，这样就产生了唯心主义世界观，认识不到劳动在社会发展中所起的作用了。

恩格斯尽管指出唯心主义世界观使存在与思维的关系本末倒置，却也丝毫不贬低人在统治自然之中思维所起的巨大作用，他拿人和动物比较说：

但是人离开动物愈远，他们对自然界的作用就愈带有经过思考的，有计划的，向着一定的和事先知道的目标前进的特征。

此外，人统治自然的能力也远比动物大：

动物仅仅利用外部自然界……而人则通过他所作出的改变来使自然界为他的目的服务，来支配自然界。这便是人同其他动物的最后的本质的区别所在；而造成这一区别的还是劳动。

……我们对自然界的整个统治，是在于我们比其他一切动物强，能够认识和正确运用自然规律。

人愈正确地理解自然规律，也就愈会认识到：

人自身和自然界的一致，而那种把精神和物质，人类和自然，灵魂和肉体对立起来的荒谬的反自然的观点，也就愈不可能存在了。

这是一个极其重要的结论，这正是马克思在《经济学—哲学手稿》里所作出的人道主义与自然主义的统一那个结论。从此可以见出认为《经济学—哲学手稿》的基本观点已过时以及“美纯粹是客观的”之类说法是多么“荒谬和反自然”了。

（选自《谈美书简》，上海文艺出版社1980年版）

从“距离说”辩护中国艺术

从前有一个海边的种田人，碰见一位过客称赞他门前的海景，很不好意思地回答说：“门前虽然没有什么可看的，屋后有一园菜还不差，请先生来看看。”心无二用，这位种田人因为记挂着他的一园菜，就看不见大海所呈现给他的世界，虽然这个世界天天横在他的眼前。我们一般人也是如此，通常都把全副精力费于饮食男女的营求，这丰富华严的世界除了可效用于生活需要之外，便没有什么可以让我们看看的。一看到天安门大街，我就想到那是到东车站或是广和饭庄的路，除了这个意义以外，天安门大街还有它的本来面目没有？我相信它有，我并且有时偶然地望见过。有一个秋天的午后，我由后门乘车到前门，到南池子转弯时，猛然看见那一片淡黄的日影从西长安街一路射来，看见那一条旧宫墙的黄绿的玻璃瓦在日光下辉煌地严肃地闪耀，看见那些忽然现着奇光异彩的电车、马车、人力车以及那些穿时装的少女和灰尘满面满衣的老北平人，这一切猛然在我眼前现出一个庄严而灿烂的世界，使我霎时间忘去它是到前门的路和我去前门一件事实。不过这种经验是不常有的，我通常只记得它是到前门的路，或是想着我要去广和饭庄。我们对于这个世界经验愈多，关系也愈复杂，联想愈纷乱，愈难见到它们的本来面目。学识愈丰富，视野愈窄狭；对于一件事物见的愈多，所见到的也就愈少。

艺术的世界也还是我们日常所接触的世界——是它的不经见的另一面。它不经见，因为我们站得太近。要见这一面，我们须得跳开日常实用在我们四围所画的那一个圈套，把世界摆在一种距离以外去看。同是一个世界，站在圈子里看和站在圈子外看，景象大不相同。比如说海上的雾。我在船上碰着过雾，现在回想起来，还有些戒惧。耽误行程还不用说，听到若远若近的邻舟的警钟，水手们手慌脚乱地走动以及乘客们的喧嚷，仿佛大难临头。真令人心焦气闷。茫无边际的大海中没有一块可以暂时避难的干土，一切都任不可知的命运去摆布。在这种情境中，最有修养的人最多也只能做到镇定的功夫。但是我也站在干岸上看过海雾，那轻烟似的薄纱笼罩着那平谧如镜的海水，许多远山和飞鸟都被它轻抹慢掩，现出梦境的依稀隐约。它把天和海接成一气，你仿佛伸一只手就可以抓住天上浮游的仙子。你的四围全是广阔、沉寂、秘奥和雄伟，见不到人世的鸡犬和烟火，你究竟在人间还在天上，也有些不易决定。

同样海雾却现出两重面目，完全由于观点的不同。你坐在船上时，海雾是你的实用世界中一片段，它和你的知觉、情感、希望以及一切实际生活的需要都连瓜带葛地固结在一块，把你围在里面，使你只看见它的危险性。换句话说，你和海雾的关系太密切了，距离太接近了，所以不能用处之泰然的态度去欣赏它。你站在岸上时，海雾是你的实际世界以外的东西，它和你中间有一种距离，所以变成你的欣赏的对象。

一切事物都可以如此看去。在艺术欣赏中我们取旁观者的态度，丢开寻常看待世物的方法，于是现出事物不平常的一面，天天遇见的素以为平淡无奇的东西，例如破墙角的一枝花，林间一片阴影或是一个老妇人的微笑，便陡然现出奇姿异彩，使我们觉得它美妙。艺术家和诗人的本领就在能跳出习惯的圈套，把事物摆在适当的距离以外去看，丢开他们的习惯的联想，聚精会神地观照它们的本来面目。他们看一条街只是一条街，不是到某车站或某商店的指路标。一件事物本身自有价值，不因为和人或其他事物有关系而发生价值。

艺术的世界仍然是在我们日常所接触的世界中发现出来的。艺术的创造都是旧材料的新综合。希腊神像的模型仍是有血有肉的凡人，但丁的《地狱》也还是拿我们的世界做蓝本。唯其是旧材料，所以观者能够了解；唯其是新综合，所以和实际人生有距离，不易引起日常生活的纷乱的联想。艺术一方面是人生的返照，一方面也是人生隔着一层透视镜面现出的返照。艺术家必了解人情世故，可是他能不落到人情世故的圈套里。欣赏者也是如此，一方面要拿实际经验来印证作品，一方面又要脱净实际经验的束缚。无论是创造或是欣赏，这“距离”都顶难调配得恰到好处。太远了，结果是不能了解；太近了，结果是不免让实际人生的联想压倒美感。

比如说看莎士比亚的《奥瑟罗》[①]。假如一个人素来疑心他的太太不忠实，受过很大的痛苦，他到戏院里去看这部戏，必定比旁人较能了解奥瑟罗的境遇和衷曲，但是他却不是一个理想的欣赏者。那些暗射到切身的经验的情节容易惹起他联想到自己和妻子处在类似的境遇，不能把戏当作戏看，结果是不免自伤身世。《奥瑟罗》对于猜疑妻子的丈夫“距离”实在太近了，所以容易失去艺术的效用。艺术的理想是距离适当，不太远，所以观者能以切身的经验印证作品；不太近，所以观者不以应付实际人生的态度去应付它，只把它当作一幅图画摆在眼前去欣赏。

艺术的“距离”有天生自然的。最显明的是空间隔阂。比如一幅写实的巫峡图或西湖图[②]，在西湖或巫峡本地人看，距离太近，或许不觉得有什么美妙，在没有见过西湖或巫峡的人看，就有些新奇了。旅行家到一个新地方总觉得它美，就因为它还没有和他的实际生活发生多少关联，对于它还有一种距离。时间辽远也是“距离”的一种成因。比如卓文君的私奔，海伦后的潜逃，在百世之下虽传为佳话，在当时人看，却是秽行丑迹。当时人受种种实际问题的牵绊，不能把这桩事情从繁

① 现通译为《奥赛罗》。——编者注

② 见图二。——编者注

复的社会习惯和利害观念中划出，专作一个意象来观赏；我们时过境迁，当时的种种牵绊已不存在，所以比较自由，能以纯粹的美感的态度对付它。

艺术的“距离”也有时是人为的。我们可以说，调配“距离”是艺术的技巧最重要的一部分。比如戏剧生来是一种距离最近的艺术，因为它用极具体极生动的方法把人情世故表现在眼前，表演者就是有血有肉的人，这最易使人回想到实际生活，把应付实际人生的态度来应付它，所以戏剧作者用种种方法把“距离”推远。古希腊悲剧大半不以当时史实而以神话为题材，表演时戴面具，穿高跟鞋，用歌唱的声调，用意都在不使人忘记眼前是戏而不是实际人生中的一片段。造形艺术中以雕刻的距离为最近，因为它表现立体，和实物几乎没有分别。历来雕刻家也有许多制造“距离”的方法。埃及雕刻把人体加以抽象化，不表现个性；希腊雕刻只表现静态，不常表现运动，而且常用裸体，不雕服装；意大利文艺复兴时代雕刻往往染色。这都是要避免太像实物的毛病。图画以平面表现立体，本来已有若干距离。古代画艺不用远近阴影，近代立体派把生物形体加以几何线形化，波斯图案画把生物形体加以极不自然的弯曲或延长，也是要把“距离”推远。这里只随便举几个例说明“距离”的道理，其实例子是举不尽的。

艺术和实际人生之中本来要有一种距离，所以近情理之中要有几分不近情理。严格的写实主义是不能成立的。是艺术就免不了几分形式化，免不了几分不自然。近代技巧的进步逐渐使艺术逼近实在和自然。这在艺术上不必是进步。中国新进艺术家看到近代西方艺术的技巧完善，画一匹马就活像一匹马，布一幕月夜深林的戏景就活像月夜深林，以为这真是绝大本领，拿中国艺术来比，真要自惭形秽。其实西方艺术固然有它的长处，中国艺术也固然有它的短处，但是长处不在妙肖自然，短处也并不在不自然。西方艺术的写实运动从文艺复兴以后才起，到19世纪最盛，一般人仍然被这个传统的“妙肖自然”一个理想囿住，所以“皇家学会”派画家仍在“妙肖自然”方面用工夫。但是无论在理论方面或实施方面，欧洲的真正艺术却从一个新方向走。在理论方面，从康德起，一直到现在，美学思想主潮都是倾向形式主义。康德分美为纯粹的和依赖的两种。纯粹的美只在颜色、线形、声音诸原素的谐和的配合中见出，这种美的对象只是一种不具意义的“模型”（pattern），最好的例是阿拉伯式图案、音乐和星辰云彩。有依赖的美则于形式之外别具意义，使观者由形式旁迁到意义上去。例如我们赞美一匹马，因为它活泼、雄壮、轻快，赞美一棵树，因为它茂盛、挺拔、坚强。这些观念都是由实用生活得来的。因如此等类的性质而觉得一件事物美，那种美就是有依赖的。依康德看，凡是模仿实物的艺术，价值须在模仿是否逼真和所模仿的性质是否对于人生有用两点见出。这种价值都是外在的，实不足据以为凭来断作品本身的美丑。康德以后，美学家把艺术分为“表现的”（representative）和“形式的”（formal）两种成分。比如说图画、题材和故事属于“表现的成分”，颜色、线形、阴影的配合属于“形式的成分”。近代艺术家多看轻“表现的成分”而特重“形式的成分”。佩特（Walter Pater）以为一切艺术到最高的境界都逼近音乐，因为在音乐中内容完全混化在形式里，不能于形式之外见出什么意义（即表现的部分）。

在实施方面，形式主义也很盛行，图画方面的后期印象主义和主体主义都不以模仿自然为能事。塞尚（Cezanne）[①]是最好的例。看他的作品，你绝对看不出写实派的浮面的逼真，第一眼你只望见颜色、线形、阴影的谐和配合，要费一番审视，才能辨别它所表现的是一片崖石或是一座楼台。不但在创造方面，在欣赏方面，标准也和从前不同了，从前人以为画艺到15世纪的意大利画家手里已算是登峰造极，现在许多学者却嫌达·芬奇、拉斐尔一般人的技巧过于成熟，缺乏可以回味的东西。他们反推崇中世纪拜占庭派（Byzantine）和文艺复兴初期意大利的“原始派”的那种技巧简陋而意味却深长的艺术。从此可知西方人已经逐渐觉悟到技巧的进步和艺术的进步是两回事，而艺术的能事也不仅在妙肖自然了。

从欧洲艺术的新倾向看，我们觉得在这里应该替中国旧艺术作一个辩护。骂旧戏拉着嗓子唱高调为不近人情的先生们如果听听瓦格纳的歌剧，也许恍然大悟这种玩艺原来不是中国所特有

① 见图十一。——编者注

的“国耻”或“国粹”。如果他们再稍费点工夫去研究古希腊的戏艺，也许知道带面具、打花脸、穿古装、着高跟鞋等等也不一定是野蛮艺术的特征。在画图雕刻方面，远近阴影原来是技巧上的一大进步，这种技巧的进步原来可以帮助艺术的进步，但是无技巧的艺术终于胜似非艺术的技巧。中世纪欧洲诸大教寺的雕像的作者原来未尝不知道他们所雕的人体长宽的比例不近情理，但是他们的作品并不因这一点不近情理而减低它们的价值。专就技巧说，现在一个普通的学徒也许知道许多乔托（Giotto）或顾恺之所不知道的地方，但是乔托和顾恺之终于不朽。中国从前画家本有“远山无皴，远水无波，远树无枝，远人无目”一类的说法，但是画家的精义并不在此。看到乔托或顾恺之的作品而嫌他们不用远近阴影，这种人对于艺术只是“腓力斯人”而已！

再说诗，它和散文不同，因为它是一种更“形式的”艺术，和实际人生的“距离”比较更远。诗决不能完全是自然的，自然语言不讲究音韵，诗宜于讲究一点音韵。音韵是形式的成分，它的功用是把实用的理智“催眠”，引我们到纯粹的意象世界里去。许多悲惨或淫秽的材料，用散文写，仍不失其为悲惨或淫秽，用诗的形式写，则我们往往忘其为悲惨或淫秽。女儿逐父亲，母亲杀儿子，以及儿子娶母亲之类的故事很难成为艺术的对象，因为它们容易引起实际人所应有的痛恨和嫌恶。但是在希腊悲剧和莎士比亚的悲剧里，它们居然成为极庄严灿烂的艺术的对象，就因为它们披上诗的形式，不容易使人看成实际人生中一片段，以实用的态度去应付它们。《西厢》里“软玉温香抱满怀，春至人间花弄色，露滴牡丹开”几句诗，其实只是说男女交媾，但是我们读这几句诗时常忽略它的本意。拿这几句诗来比《水浒》里西门庆和潘金莲的故事，分别立刻就见出。《水浒》这一段本是妙文，但淫秽的痕迹仍然存在，不免引动观者的性欲冲动。材料相同，影响大相悬殊，就因为王实甫把淫秽的事迹摆在很幽美的意象里，再用音乐及很和谐的词句表现出来，使我们一看到就为这种美妙和谐的意象和声音所摄引，不易想到背后淫秽的事迹。这就是说，诗的形式把它的“距离”推远了。《水浒》写潘金莲的淫秽用散文，这就是说，用日常实际应用的文字，所以较易引起实际应用的联想和反应。

总之，艺术上的种种习惯既然造成很悠久的历史，纵然现代的时尚叫我们觉得它离奇不近情理，它们却未尝没有存在的理由，本文所说的“距离”即理由之一。艺术取材于实际人生，却须同时于实际人生之外另辟一世界，所以要借种种方法把所写的实际人生的距离推远。戏剧的脸谱和高声歌唱，雕刻的抽象化，图画的形式化，以及诗的音韵之类都不是“自然的”，但并不是不合理的。它们都可以把我们搬到另一个世界里去，叫我们暂时摆脱日常实用世界的限制，无粘无碍地聚精会神地谛视美的形相。

（选自《孟实文钞》，良友图书公司1936年版）

文学作为语言艺术的独特地位

朋友们:

前此我们已屡次谈到，研究美学不能不懂点艺术，否则就会变成“空头美学家”，摸不着美学的门。艺术究竟是怎么回事呢？它有哪些门类？各门艺术之间有什么关系和差别？这些都是常识问题，但是懂透也颇不易。

“艺术”（Art）这个词在西文里本义是“人为”或“人工造作”。艺术与“自然”（现实世界）是对立的，艺术的对象就是自然。就认识观点说，艺术是自然在人的头脑里的“反映”，是一种意识形态；就实践观点说，艺术是人对自然的加工改造，是一种劳动生产，所以艺术有“第二自然”之称，自然也有“人性”的意思，并不全是外在于人的，也包括人自己和他的内心生活。人对自然为什么要加工改造呢？这问题也就是人为什么要劳动生产的问题。答案也很简单，劳动生产是为着适应人的物质生活和精神生活的需要，并且不断地日益改善和提高人的物质生活和精神生活。

一切艺术都要有一个创造主体和一个创造对象，因此，它就既要有人的条件，又要有物的条件。人的条件包括艺术家的自然资禀、人生经验和文化教养；物的条件包括社会类型、时代精神、民族特色、社会实况和问题，这些都是需要不断加工改造的对象；此外还要加上用来加工改造的工具和媒介（例如木、石、纸、帛、金属、塑料之类材料，造形艺术中的线条和颜色，音乐中的声音和乐器，文学中的语言之类媒介）。所以艺术既离不开人，也离不开物，它和美感一样，也是主客观的统一体。艺术和社会都在不断变化和改革中，经历着长期历史发展的过程。关于艺术的这些基本道理我们前此在学习马克思的《经济学—哲学手稿》和《资本论》、恩格斯的《自然辩证法》等经典著作的有关论述中已略见一斑了。

最常见的艺术门类是诗歌、音乐、舞蹈（三种在起源时是统一体），建筑、雕刻和绘画（合称“造形艺术”），戏剧、小说以及近代歌剧、哑剧和电影剧之类综合性艺术。这些艺术之间的分别和关系，自从莱辛的《拉奥孔》问世以来，一直是西方美学界研究和讨论的问题。德国美学家们一般把艺术分为“空间性的”和“时间性的”两大类。属于空间艺术的有建筑、雕刻和绘画，其功用主要是“状物”，或写静态，描绘在空间中直立和平铺并列的事物形状；所涉及的感官主要是视觉，所用的媒介主要是线条和颜色。属于时间艺术的主要有舞蹈、音乐、诗歌和一般文学，其功用主要是叙事抒情，写动态，描绘在时间上先后承续的事物发展过程，所涉及的感官较多，音乐较单纯，只涉及听觉和节奏感中筋肉运动感觉，舞蹈、诗歌和一般文学则视觉、听觉和筋肉运动感觉都要起作用。时间艺术在所用的媒介方面有一个值得重视的差异，这就是其他各种艺术的媒介如声音、线条、色彩之类都是感性的，即可凭感官直接觉察到的；至于文学则用语言为媒介，而语言中的文字却只是代表观念的一种符号，本身并无意义，例如“人”这一观念，各民族用来代表它的文字符号各不相同，英文用man，法文用homme，德文用Mensch，单凭这种文字符号并不能直接显出“人”的感性形象，只能显出“人”的观念或意义，所以语言这种媒介不是感性的而是观念性的，也就是说，语言要通过符号（字音和字形）间接引起对事物的观念。这个分别黑格尔在他的《美学》里也经常提到。这个分别就是使文学作为语言艺术具有独特地位的首要原因。

其次一个原因是各种艺术都要具有诗意。“诗”（Poetry）这个词在西文里和“艺术”（Art）一样，本义是“制造”或“创作”，所以墨格尔认为诗是最高的艺术，是一切门类的艺术的共同要素。维柯派美学家克罗齐还认为语言本身就是艺术，美学实际上就是语言学。各门艺术虽彼此有别，毕竟有基本共同点。例如莱辛虽严格区分过诗和画的界限，我国却很早就有诗画同源说。大诗人往往同时是大画家，王维就是一个著例，苏轼说过：“观摩诘之画，画中有诗；味摩诘之诗，诗中有画。”

苏轼本人就同时擅长诗和画。有起源时诗歌、音乐和舞蹈本是三位一体的综合艺术，后来虽分道扬镳，仍是藕断丝连，例如在近代歌剧和电影剧乃至民间曲艺里，语言艺术都还是一个重要的组成部分。这些都足以见出文学作为语言艺术所占的独特地位。

文学的独特地位，还有一个浅而易见的原因。语言是人和人的交际工具，日常生活中谈话要靠它，交流思想感情要靠它，著书立说要靠它，新闻报道要靠它，宣传教育都要靠它。语言和劳动是人类生活的两大杠杆。任何人都不能不同语言打交道。不是每个人都会音乐、舞蹈、雕刻、绘画和演剧，但是除聋子和哑巴以外，任何人都会说话，都会运用语言。有些人话说得好些，有些人话说得差些，话说得好就会如实地达意，使听者感到舒适，发生美感，这样的说话就成了艺术。说话的艺术就是最初的文学艺术。说话的艺术在古代西方叫做“修辞术”，研究说话艺术的科学叫做“修辞学”，和诗学占有同样重要的地位。古代西方美学绝大部分是诗学和修辞学，亚里士多德、朗吉弩斯、贺拉斯、但丁和文艺复兴时代无数诗论家都可以为证，专论其它艺术的美学著作是寥寥可数的。我国的情况也颇类似，历来盛行的是文论、诗论、诗话和词话，中国美学资料大部分也要从这类著作里找。我们历来对文学的范围是看得很广的，例如《论语》《道德经》《庄子》《列子》之类哲学著作，《左传》《国语》《战国策》《史记》《汉书》之类史学著作，《水经注》《月令》《考工记》《本草纲目》《齐民要术》之类科学著作乃至某些游记、日记、杂记、书简之类日常小品都成了文学典范。过去对此曾有过争论，有人认为西方人把文学限为诗歌、戏剧、小说几种大类型比较科学，其实那些人根本不了解西方文学界情况，如果他们翻看一下英国的《万人丛书》或牛津《古典丛书》的目录，或是一部较好的文学史，就会知道西方人也和我们一样把文学的范围看得很广的。

文学在各门艺术中既占有这样独特地位，它的媒介既是人人都在运用的语言，而它的范围又这样广阔，这些事实对我们有什么启发呢？我们每个人都在天天运用语言，接触到丰富多采的社会生活，思想情感时时刻刻在动荡，所以既有了文学工具，又有了文学材料，那就不必妄自菲薄，只要努一把力，就有可能成为语言艺术家或文学家。当文学家并不是任何人的专利。在文学这门艺术方面有些实践经验，认识到艺术究竟是怎么一回事，有了这个结实基础，再回头研究美学，才能认清道路，不至暗中摸索，浪费时间。

每个人都可当文学家，不要把文学看作高不可攀。不过我在上文“只要努一把力”那个先决条件上加了着重符号，“怎样努力”这个问题就来了。文学各部门包括诗歌、戏剧和小说等的创作我都没有实践经验，关于这方面可以请教中外文学名著以及有关的理论著作，我不敢进什么忠告。我想请诸位特别注意的是语文的基本功。“工欲善其事，必先利其器”，语文就是文学的“器”。从我读到的青年文学家作品看，特别是从诸位向我表示决心要研究美学的许多来信看，多数人的语文基本功离理想还有些距离，用字不妥，行文不顺，生硬拖沓，空话连篇，几乎是常见的毛病。这也难怪诸位，一些老作家除掉茅盾、叶圣陶、吕叔湘几位同志以外，也很少有人向我们号召要练语文基本功。我还记得三十年代[①]左右，夏丏尊、叶圣陶和朱自清几位同志在《一般》和《中学生》两种青年刊物中曾特辟出“文章病院”，把有语病的文章请进这个“病院”里加以诊断剖析。当时我初放弃文言文，学写语体文，从这个“文章病院”中几位名医的言教和身教中确实获得不少的教益，才认识到语体文也要字斟句酌，于是开始努力养成字斟句酌的习惯，现在回想到那些名医，还深心铭感。我希望热心语文教学的老师们多办些“文章病院”，多做些临床实习，使患病的恢复健康，未患病的知道预防。

我国有句老话：“熟读唐诗三百首，不会吟诗也会吟。”过去我国学习诗文的人大半都从精选精读一些模范作品入手，用的是“集中全力打歼灭战”的办法，把数量不多的好诗文熟读成诵，反复吟咏，仔细揣摩，不但要懂透每字每句的确切意义，还要推敲出全篇的气势脉络和声音节奏，使它沉浸到自己的心胸和筋肉里，等到自己动笔行文时，于无意中支配着自己的思路和气势。这就要高声朗诵，只浏览默读不行。这是学文

① 即二十世纪三十年代，下同。——编者注

言文的长久传统，过去是行之有效的。现在学语体文是否还可以照办呢？从话剧和曲艺演员惯用的训练方法来看，道理还是一样的。我在外国大学学习语文时，看到外国同学乃至作家们也有下这种苦练功夫的。我还记得英国诗人哈罗德·蒙罗在世时在大英博物馆附近开了一个专卖诗歌书籍的小书店，每周定期开朗诵会，请诗人们朗诵自己的作品，我在那里曾听过叶芝、艾略特、厄丁通等诗人的朗诵，深受教益，觉得朗诵会是个好办法。三十年代《文学杂志》社中一些朋友也在我的寓所里定期办过朗诵会，到抗战[①]才结束。朗读的不只是诗，也有散文，吸引了当时北京的一些青年作家，对他们也起了一些“以文会友”的观摩作用。现在广播电台里也有时举行这种朗诵会，颇受听众的欢迎。这种办法还值得推广，小型的文学团体也可以分途举办，它不但可提高文学的兴趣，也有助于语言的基本功。

语言基本功有多种多样的渠道，多注意一般人民大众的活的语言是一种，这是主要的，熟读一些文言的诗文也是一种，这两方面可说的甚多，现在不能详谈。“到处留心皆学问”，这就要靠各人自己去探索了。“勤学苦练”总是要联在一起的，勤学重要，苦练则更重要。苦练就要勤写。为了谈一点写作练习，我特意把延安整风文件重温了一遍，特别是《反对党八股》那一篇。毛泽东同志对“党八股”的八大罪状申诉得极中

① 此处“抗战”指1937年抗日战争全面爆发。——编者注

肯，可谓“慨乎言之”。近三十多年来全国人民对这篇经典著作都在学习而又学习，获益当然不浅，可是就当前文风的实际情况来看，“党八股”似未彻底清除，可见端正文风真不是一件易事。目前每个练习写作的青少年在冲破禁区、解放思想方面还要痛下决心，“做老实人，说老实话”，努力开辟自己的道路，千万不要再做风派人物，“人云亦云”。希望就只有寄托在新起的一代人身上了，所以诸位对文艺方面的移风易俗负有重大责任。我祝愿有勇气担起这副重大责任的人越来越多，替我们的文艺迎来一个光明的前途！

毛泽东同志在《反对党八股》里还引了鲁迅复“北斗杂志社”一封信里所举的八条写文章的规则之中的三条，对青年作家是对症下药的，值得每个青年作家悬为座右铭：

> 第一条：“留心各样的事情，多看看，不看到一点就写。”
>
> 第二条：“写不出的时候不硬写。”
>
> 第四条：“写完后至少看两遍，竭力将可有可无的字、句、段删去，毫不可惜。宁可将可作小说的材料缩成速写，决不将速写材料拉成小说。”

这三条都是作家的金科玉律，对于青年作家来说，第四条特别切合实际，要多作短小精悍的速写，不要一来就写长篇大作。我因此联想起德国青年爱克曼不畏长途跋涉，走向歌德求教，初到不久，歌德就谆谆教导他“不要写大部头作品”，说许多作家包括他自己在内都在“贪图写大部头作品上吃过苦头”，接着他就说出理由：

> 现实生活应该有表现的权利。诗人由日常现实生活触动起来的思想情感都要求表现，而且也应该得到表现。可是如果你脑子里老在想着写一部大部头的作品，此外一切都得靠边站，一切思虑都得推开，这样就要丧失掉生活本身的乐趣。……结果所获得的也不过是困倦和精力的瘫痪。反之，如果作者每天都抓住现实生活，经常以新鲜的心情来处理眼前事物，他就总可以写出一点好作品，即使偶尔不成功，也不会有多大损失。（爱克曼：《歌德谈话录》，第4–5页，人民文学出版社1978年版。）

歌德的这番话劝青年作家多就日常现实生活作短篇速写，和鲁迅的教导是不谋而合的。这是一种走向现实主义文艺道路的训练。特别是在现代繁忙生活中，每个人的时间都很宝贵，不容易抽出功夫去读“将速写拉成小说”的作品。速写不拉成小说，就要写得简练。我个人生平爱读的一部书是《世说新语》，语言既简练而意味又隽永，是典型的速写作品。刚才引的爱克曼的《歌德谈话录》也正是速写，可见速写也可以写出传世杰作，千万不要小看它。速写最大的方便在于无须费大力去搜寻题材，只要你听从鲁迅的第一条“留心各样的事情，多看看”的教导，速写的材料在日常生活中就俯拾即是，记一次郊游，替熟悉的朋友画个像，记看一次电影的感想，记一次学习会，对当天报纸新闻发一点小议论，给不在面前的爱人写封情书，或是替身边的小朋友编个小童话，讲个小故事，不都行吗？如果你相信我，说到就做到，马上就开始练习速写吧！练习到三五年，你不愁不能写出文学作品，也不愁一些美学问题得不到解决。

（选自《谈美书简》，上海文艺出版社1980年版）

浪漫主义和现实主义

朋友们：

浪漫主义和现实主义是一个极难谈而又不能不谈的问题。难谈，因为这两个词都是在近代西方才流行，而西方文艺史家对谁是浪漫主义派谁是现实主义派并没有一致的意见。例如斯汤达和巴尔扎克都是公认的现实主义大师，而朗生在他的著名的《法国文学史》里，却把他们归到“浪漫主义小说”章，丹麦文学史家布兰代斯在他的名著《十九世纪欧洲文学主潮》里也把这两位现实主义大师归到“法国浪漫派”。再如福楼拜还公开反对过人们把他尊为现实主义的主教：

> 大家都同意称为“现实主义”的一切东西都和我毫不相干，尽管他们要把我看作一个现实主义的主教……自然主义者所追求的一切都是我所鄙弃的……我所到处寻求的只是美。

值得注意的是福楼拜和一般法国人当时都把现实主义和自

然主义看作一回事。以左拉为首的法国自然主义派也自认为是现实主义派。朗生在《法国文学史》里也把福楼拜归到“自然主义”卷里。我还想不起十九世纪有哪一位大作家把“浪漫主义”或“现实主义”的标签贴在自己身上。

这问题难谈，还有涉及更实质性的一面，就是没有哪一位真正伟大的作家是百分之百的浪漫主义者或百分之百的现实主义者，实在很难在他们身上贴个名副其实的标签。关于这一点，高尔基在《我怎样学习写作》里说得最好：

> 在谈到像巴尔扎克、屠格涅夫、托尔斯泰、果戈理……这些古典作家时，我们就很难完全正确地说出——他们到底是浪漫主义者，还是现实主义者。在伟大的艺术家们身上，现实主义和浪漫主义好像永远是结合在一起的。（高尔基：《论文学》，第163页，人民文学出版社1978年版。）

姑举莎士比亚和歌德这两位人所熟知的大诗人为例。莎士比亚是近代浪漫运动的一个很大的推动力，过去文学史家们常把他的戏剧看作和“古典型戏剧”相对立的“浪漫型戏剧”，而近来文学史家们却把莎士比亚尊为“伟大的现实主义者”。究竟谁是谁非呢？两说合起来看都对，分开来孤立地看，就都不对。可是我们的文学史家和批评家们在苏联的影响之下，往往把现实主义和浪漫主义割裂开来，随意在一些伟大的作家身上贴上片面的标签。而且由于客观主义在我们中间有较广泛的市场，现实主义又错误地和客观主义混淆起来，因而就比主观色彩较浓的浪漫主义享有较高的荣誉。只要是个大作家，哪怕浪漫主义色彩很浓的诗人，例如拜伦、雪莱和普希金，都成了只是现实主义者，他们的浪漫主义的一面就硬被抹煞掉了。这是对历史事实的歪曲，在读者中容易滋生误解。所以这个难问题还不能不谈。

浪漫主义和现实主义的区分，作为文艺流派和作为创作方法，是应该分别清楚的。作为创作方法，它适用于各个时代和各个民族；作为文艺流派，它只限于十八世纪末到十九世纪末的一个短暂的时间。过去西方常谈的是古典主义和浪漫主义，很少谈浪漫主义和现实主义，歌德就是一个著例。他在1830年3月21日这样说过：

> 古典诗和浪漫诗的概念现已传遍全世界，引起许多争执和分歧。这个概念起源于席勒和我两人。我主张诗应采取从客观世界出发的原则，认为只有这种创作方法才可取。但是席勒却用完全主观的方法去写作，认为只有他那种创作方法才是正确的。为了针对我来为他自己辩护，席勒写了一篇论文，题为《论素朴的诗和感伤的诗》。他想向我证明：我违反了自己的意志，实在是浪漫的，说我的《伊菲革涅亚》由于情感占优势，并不是古典的或符合

古代精神的，如某些人所相信的那样。施莱格尔弟兄（当时德国著名的文学史家和文艺批评家）抓住这个看法把它加以发挥，因此它就在世界传遍了，目前人人都在谈古典主义和浪漫主义，这是五十年前没有人想得到的区别。（《歌德谈话录》，第221页，人民文学出版社1978年版。）

这是涉及本题的最早的也是最重要的文献。歌德本人是标榜古典主义者，而依他的说明，古典主义“从客观世界出发”，所以就是现实主义。席勒“完全用主观的方法”创作，所以是走浪漫主义道路的。

歌德所谈到的席勒的长篇论文对本题也特别重要。席勒从人与自然的关系来区别古典诗（即素朴的诗）与浪漫诗（即感伤的诗）。他认为在希腊古典时代，人与自然一体，共处相安，人只消把自然加以人化或神化，就产生素朴的诗；近代人已与自然分裂，眷念人类童年（即古代）的素朴状态，就想“回到自然”，已去者不可复返，于是心情怅惘，就产生感伤的诗。素朴诗人所反映的是直接现实，感伤诗人却表现由现实提升上去的理想。依席勒看，古典主义和浪漫主义的对立就是现实主义与理想主义的对立。古典主义就是现实主义，这是他和歌德一致的；浪漫主义就是理想主义，这却是他的独特的看法。值得特别注意的是席勒在这篇论文里第一次在文艺上用了“现实主义”这个词（过去只用于哲学）。

无论是歌德还是席勒，都把浪漫主义和古典主义（实即现实主义）当作文艺创作方法来看，还没有把它们当作文艺流派来看，因为当时流派还没有正式形成。从历史发展看，浪漫运动起来较早，是西方资产阶级上升时期个人自由和自我扩张的思想的反映，是政治上对封建领主和基督教会联合统治的反抗，文艺上对法国新古典主义的反抗。这次反抗运动是由法国启蒙运动掀起的，继起的法国大革命又对它增加了巨大推动力，德国唯心主义哲学对它也起了很大的影响。德国古典哲学（包括美学）本身就是思想领域的浪漫运动。单就美学来说，康德、黑格尔和席勒等人对崇高、悲剧性、天才、自由和个性特征的研究，特别是把文艺放在历史发展的大轮廓里去看的初步尝试，都起了解放思想的作用，提高了人的尊严，深化了人们对于文艺的理解和敏感。由于德国古典哲学是唯心的，把精神和物质的关系首尾倒置，而且把主观能动性摆在不恰当的高度，放纵情感，驰骋幻想，到了漫无约束的程度，产生了施莱格尔所吹嘘的“浪漫式的滑稽态度”，把世间一切看作诗人凭幻想任意摆弄的玩具。

浪漫主义又可分积极的和消极的两派。这个分别是首先由高尔基在《谈谈我怎样学习写作》里指出的：

在浪漫主义里面，我们也必须分别清楚两个极端不同的倾向：一个是消极的浪漫主义——它或则是粉饰现实，想使人和现实妥协；或则是使人逃避现实，堕入自己内心世

> 界的无益的深渊中去，堕入“人生命运之谜”，爱与死等思想里去……（另一个是）积极的浪漫主义，则企图加强人的生活意志，唤起人心中对现实及其一切压迫的反抗心。

从此可见，这两种倾向的差别主要是人生观和政治立场的差别，有它的阶级内容。这当然是正确的，资产阶级文学史家们一般蔑视这种分别，是为着要掩盖社会矛盾，为现存制度服务。不过这个分别也不宜加以绝对化，积极的浪漫主义派往往也有消极的一面，消极的浪漫派往往也有积极的一面，应就具体情况作具体分析。例如在英国多数人眼中，在华兹华斯、雪莱和拜伦这三位浪漫派诗人之中，华兹华斯的地位最高，其次才是雪莱和拜伦，可是由于我们的文学史家们把雪莱和拜伦摆在积极的浪漫主义派，甚至摆在现实主义派，把华兹华斯摆在消极的浪漫主义派，甚至一棍子打死，根本不提，这不见得是公允的，或符合马克思主义的。

现实主义作为流派，单就起源来说，在西方比浪漫运动较迟，它反映资本主义社会弊病日益显露，资产阶级的幻想开始破灭。科学随工商业的发达所带来的唯物主义和实证主义对它也起了作用。它本身是对于浪漫运动的一种反抗。它不像浪漫运动开始时那样大吹大擂，而是静悄悄地登上历史舞台的，就连现实主义（Realism）的称号比起现实主义流派的实际存在还更晚。上文提到的席勒初次使用的“现实主义”指希腊古典主义，与近代现实主义流派不是一回事。作为流派而得到“现实主义”这个称号是在1850年，一位并不出名的法国小说家向佛洛里（Chamflaury），和法国画家库尔贝（Courbet）[①]和多弥耶（Daumier）等人办了一个以《Réalisme》（现实主义）为名的刊物。他们倒提出了一个口号“不美化现实”，显然受到荷兰画家伦勃朗等人（惯画平凡的甚至丑陋的老汉、村妇或顽童）的画风的影响。当时不但浪漫运动已过去，就连现实主义的一些西欧大师也已完成了他们的杰作，不可能受到这个只办了六期的“现实主义”刊物的影响。

对现实主义文艺提供理论基础的有两种著作值得一提。一种是斯汤达的论文《拉辛和莎士比亚》（可参看王道乾的译文，上海译文出版社1979年出版。），这部著作被某些文学史家称为“现实主义作家宣言”，其实它的主旨是攻击新古典主义代表拉辛而推尊“浪漫型戏剧”开山祖莎士比亚的。他的名著《红与黑》的浪漫主义色彩也还很浓。另一种是实证主义派泰纳的《艺术哲学》（可参看傅雷的译文，人民文学出版社1963年出版。）。泰纳是应用心理学和社会学来研究美学的一位先驱，代表作是《论智力》，已为《艺术哲学》打下基础。他的基本观点是文艺的决定因素不外种族、环境（即他所谓“社会圈子”）和时机三种。他还认为文艺要表现人类长久不变的本质特征，而人性中对社会最有益的特征是孔德所宣扬的爱。不过泰纳的主要著作都在

① 见图十三。——编者注

十九世纪后半期才出版，也不能看作现实主义者预定的纲领。

法国人向来把现实主义叫作“自然主义”。不过法国以外的文学史家们一般却把现实主义和自然主义严格分开，而且“自然主义”多少已成为一个贬词，成为现实主义的尾巴或庸俗化。它在法国的开山祖的主要代表是左拉，他把实证科学过分机械地搬到小说创作里去，他很崇拜贝尔纳的《实验医学研究》，于是就企图运用这位医师的方法来建立所谓“实验小说”。他说：

> 在每一点上我都要把贝尔纳做靠山。我一般只消把“小说家”这个名称来代替“医生”这个名称，以便把我的思想表达清楚，使它具有科学真理的精确性。（《实验小说》法文版，第2页。）

这里所说的“科学真理的精确性”实际上是指自然现象细节的真实性，而不要求抓住客观事物的本质。左拉在他的《卢贡家族的家运》里对一个家族及其所住的小镇市作了一百几十页的烦琐描述，可以为证。自然现象细节的真实性并不等于客观事物的本质和典型化。真正的现实主义所要求的是从具体客观事物出发，去伪存真，去粗取精，对客观事物加以典型化或理想化，显出客观事物的本质和规律，而自然主义虽然也从具体客观事物出发，却满足于依样画葫芦，特别侧重浮面现象的细节，这是现实主义和自然主义的基本分歧。

谈到现实主义，还要说明一下文学史家们所惯用的一个名词："批判现实主义"。首创这个名词的是高尔基。他在一次和青年作家的谈话中，把近代现实主义作家称为资产阶级的"浪子"，指出他们用的是批判现实主义，其特点是：

……除了揭发社会恶习，描写家族传统，宗教教条和法规压制下的个人的生活和冒险外，它不能给人指出一条出路，它很容易地安于现状。

这是不是说批判现实主义是现实主义流派中一个支派呢？恐怕不能这样看。十八九世纪的现实主义大师们一般都是"资产阶级浪子"，都起了"揭发社会恶习"的作用，却也都没有"指出一条出路"！高尔基正是在肯定他们的功绩时，指出了他们的缺陷。

从上文所谈的可以看出：现实主义和浪漫主义作为流派与作为创作方法虽有联系，却仍应区别开来。作为流派，它在西方限于十八世纪末期到十九世纪末期，不过有一百年左右的历史。这是特定社会民族在特定时期的历史产物，我们不应把这种作为某一民族、某一时期流派的差别加以普遍化，把它生硬地套到其他时代的其他民族的文艺上去。可是在我们的文学史家们之中，这种硬套办法还很流行，说某某作家是浪漫主义派，某某作家是现实主义派。作为创作方法，任何民族在任何时期都可以有侧重现实主义与侧重浪漫主义之分。像歌德和席勒等人早就说过的，现实主义从客观现实世界出发，抓住其中本质特征，加以典型化；浪漫主义侧重从主观内心世界出发，情感和幻想较占优势。这两种创作方法的基本区别倒是普遍存在的。亚里士多德在《诗学》第二十五章就已指出三种不同的创作方法：

> 像画家和其他形象创造者一样，诗人既然是一种摹仿者，他就必然在三种方式中选择一种去摹仿事物：按照事物本来的样子去摹仿，按照事物为人所说所想的样子去摹仿，或是照事物的应当有的样子去摹仿。

这三种之中第二种专指神话传说的创作方法，暂且不谈，第一种“按照事物本来的样子去摹仿”便是现实主义，第三种“照事物应当有的样子去摹仿”，从前一般叫做“理想主义”，也可以说就是浪漫主义，因为“理想”仍是人们主观方面的因素。

不过过去人们虽早已看出这种分别，却没有在这上面大做文章。等到十八九世纪作为流派的浪漫主义和现实主义各树一帜，互相争执，于是原先只是自在的分别便变成自觉的分别了。文艺史家和批评家抓住这个分别来检查过去文艺作品，也就把它们分派到两个对立的阵营中去了。例如有人说在荷马的两部史诗之中，《伊利亚特》是现实主义的，而《奥德赛》却是“浪漫主义”的，并且有人因此断定《奥德赛》的作者不是荷马而是一位女诗人，大概是因为女子较富于浪漫气息吧?

我个人仍认为两种创作方法虽然是客观存在，却不宜过分渲染，使旗帜那样鲜明对立。我还是从主客观统一的观点来看待这个问题。诗是反映客观事物的，而反映客观事物却要通过进行创作的诗人，这里有人有物，有主体，有客体，缺一不行。这问题的正确答案还是所引过的高尔基的那段话，不妨重复一下其中关键性的一句:

> 在伟大的艺术家们身上，现实主义和浪漫主义时常好像是结合在一起的。

高尔基曾指责批判现实主义“不能给人指出一条出路”，出路何在?当然在革命。所以在我们的社会主义时代，我还是坚信毛泽东同志的“革命的现实主义与革命的浪漫主义相结合”的主张。是否随苏联提“社会主义现实主义”较好呢?我还没有想通。一，为什么单提现实主义而不提浪漫主义呢?二，如果涉及过去文艺史，是否也应在“现实主义”之上安一个“奴隶社会”“封建社会”或“资本主义”的帽子呢?对这个问题我才开始研究，还不敢下结论。这也是一个重要问题，请诸位也分途研究一下。

（选自《谈美书简》，上海文艺出版社1980年版）

审美范畴中的悲剧性和喜剧性

朋友们：

诸位来信有问到审美范畴的。范畴就是种类。审美范畴往往是成双对立而又可以混合或互转的。例如与美对立的有丑，丑虽不是美，却仍是一个审美范畴。讨论美时往往要联系到丑或不美，例如马克思在《经济学—哲学手稿》里就提到劳动者创造美而自己却变成丑陋畸形。特别在近代美学中丑转化为美已日益成为一个重要问题。丑与美不但可以互转，而且可以由反衬而使美者愈美，丑者愈丑。我们在第二封信里就已举例约略谈到丑转化为美以及肉体丑可以增加灵魂美的问题。这还涉及自然美和艺术美的差别和关系的问题。对这类问题深入探讨，可以加深对辩证唯物主义的理解。

美与丑之外，对立而可混合或互转的还有崇高和秀美以及悲剧性与喜剧性两对审美范畴。既然叫做审美范畴，也就要隶属于美与丑这两个总的范畴之下。崇高（亦可叫做“雄伟”）与秀美的对立类似中国文论中的“阳刚”与“阴柔”。我在旧著《文艺心理学》第十五章里曾就此详细讨论过。例如狂风暴雨、峭岩悬瀑、老鹰古松之类自然景物以及莎士比亚的《李尔王》、米开朗琪罗的雕刻和绘画、贝多芬的《第九交响曲》、屈原的《离骚》、庄子的《逍遥游》和司马迁的《项羽本纪》、阮籍的《咏怀》、李白的《古风》一类文艺作品，都令人起崇高或雄伟之感。春风微雨、娇莺嫩柳、小溪曲涧荷塘之类自然景物和赵孟頫的字画、《花间集》、《红楼梦》里的林黛玉、《春江花月夜》乐曲之类文艺作品都令人起秀美之感。崇高的对象以巨大的体积或雄伟的精神气魄突然向我们压来，我们首先感到的是势不可挡，因而惊惧，紧接着这种自卑感就激起自尊感，要把自己提到雄伟对象的高度而鼓舞振奋，感到愉快。所以崇高感有一个由不愉快而转化到高度愉快的过程。一个人多受崇高事物的鼓舞可以消除鄙俗气，在人格上有所提高。至于秀美感则是对娇弱对象的同情和宠爱，自始至终是愉快的。刚柔相济，是人生应有的节奏。崇高固可贵，秀美也不可少。这两个审美范畴说明美感的复杂性，可以随人而异，也可以随对象而异。

至于悲剧和喜剧这一对范畴在西方美学思想发展中一向就占据特别重要的地位，这方面的论著比任何其他审美范畴的都较多。我在旧著《文艺心理学》第十六章“悲剧的喜感”里和第十七章“笑与喜剧”里已扼要介绍过，在新著《西方美学史》里也随时有所陈述，现在不必详谈。悲剧和喜剧都属于戏剧，在分谈悲剧与喜剧之前，应先谈一下戏剧总类的性质。戏剧是对人物动作情节的直接摹仿，不是只当作故事来叙述，而是用活人为媒介，当着观众直接扮演出来，所以它是一种最生动鲜明的艺术，也是一种和观众打成一片的艺术。人人都爱看戏，不少的人都爱演戏。戏剧愈来愈蓬勃发展。黑格尔曾把戏剧放在艺术发展的顶峰。西方几个文艺鼎盛时代，例如古代的希腊，文艺复兴时代的英国、西班牙和法国，浪漫运动时代的德国都由戏剧来领导整个时代的文艺风尚。我们不禁要问：戏剧这个崇高地位是怎样得来的？要回答这个问题，还要“数典不能忘祖”。不但人，就连猴子、鸟雀之类动物也爱摹仿同类动物乃至人的声音笑貌和动作来做戏。不但成年人，就连婴儿也爱摹仿所见到的事物来做戏，表现出离奇而丰富的幻想，例如和猫狗乃至桌椅谈话，男孩用竹竿当作马骑，女孩装着母亲喂玩具的奶。这些游戏其实就是戏剧的雏形，也是对将来实际劳动生活的学习和训练。多研究一下“儿戏”，就可以了解关于戏剧的许多道理。首先是儿童从这种游戏中得到很大的快乐。这种快乐之中就带有美感。人既然有生命力，就要使他的生命力有用武之地，就要动，动就能发挥生命力，就感到舒畅；不动就感到“闷”，闷就是生命力被堵住，不得畅通，就感到愁苦。汉语“苦”与“闷”连用，“畅”与“快”连用，是大有道理的。马克思论劳动，也说过美感就是人使各种本质力量能发挥作用的乐趣。人为什么爱追求刺激和消遣呢？都是要让生命力畅通无阻，要从不断活动中得到乐趣。因此，不能否定文艺（包括戏剧）的消遣作用，消遣的不是时光而是过剩的精力。要惩罚囚犯，把他放在监狱里还戴上手铐脚镣，就是逼他不能自由动弹而受苦，所以囚犯总是眼巴巴地望着“放风”的时刻。我们现在要罪犯从劳动中得到改造，这是合乎人道主义的。我们正常人往往进行有专责的单调劳动，只有片面的生命力得到发挥，其他大部分生命力也遭到囚禁，难得全面发展，所以也有定时“放风”的必要。戏剧是一个最好的“放风”渠道，因为其他艺术都有所偏，偏于视或偏于听，偏于时间或偏于空间，偏于静态或偏于动态，而戏剧却是综合性最强的艺术，以活人演活事，使全身力量都有发挥作用的余地，而且置身广大群众中，可以有同忧同乐的社会感。所以戏剧所产生的美感在内容上是最复杂、最丰富的。

无论是悲剧还是喜剧，作为戏剧，都可以产生这种内容最复杂也最丰富的美感。不过望文生义，悲喜毕竟有所不同，类于悲剧的喜感，西方历来都以亚里士多德在《诗学》里的悲剧净化论为根据来进行争辩或补充。依亚里士多德的看法，悲剧应有由福转祸的结构，结局应该是悲惨的。理想的悲剧主角应该是“和我们自己类似的”好人，为着小过失而遭到大祸，不是罪有应得，也不是完全无过错，这样才既能引起恐惧和哀怜，又不至使我们的正义感受到很大的打击。恐惧和哀怜这两种悲剧情感本来就是不健康的，悲剧激起它们，就导致它们的“净化”或“发散”（Katharsis），因为像脓包一样，把它戳穿，让它发散掉，就减轻它的毒力，所以对人在心理上起健康作用。这一说就是近代心理分析派弗洛伊德（S. Freud）的“欲望升华”或“发散治疗”说的滥觞。依这位变态心理学家的看法，人心深处有些原始欲望，最突出的是子对母和女对父的性欲，和文明社会的道德法律不相容，被压抑到下意识里形成“情意综”，作为许多精神病例的病根。但是这种原始欲望也可采取化装的形式，例如神话、梦、幻想和文艺作品往往就是原始欲望的化装表现。弗洛伊德从这种观点出发，对西方神话、史诗、悲剧乃至近代一些伟大艺术家的作品进行心理分析来证明文艺是“原始欲望的升华”。这一说貌似离奇，但其中是否包含有合理因素，是个尚待研究的问题。他的观点在现代西方还有很大的影响。

此外，解释悲剧喜感的学说在西方还很多，例如柏拉图的幸灾乐祸说，黑格尔的悲剧冲突与永恒正义胜利说，叔本华的悲剧写人世空幻、教人退让说，尼采的悲剧为酒神精神和日神精神的结合说。这些诸位暂且不必管，留待将来参考。

关于喜剧，亚里士多德在《诗学》里只留下几句简短而颇深刻的话：

> 喜剧所摹仿的是比一般人较差的人物。“较差”并不是通常所说的“坏”（或“恶”），而是丑的一种形式。可笑

的对象对旁人无害，是一种不至引起痛感的丑陋或乖讹。例如喜剧的面具既怪且丑，但不至引起痛感。

这里把“丑”或“可笑性”作为一种审美范畴提出，其要义就是“谑而不虐”。不过这只是现象。没有说明“丑陋或乖讹”何以令人发笑，感到可喜。近代英国经验派哲学家霍布斯提出“突然荣耀感”说作为一种解释。霍布斯是主张性恶论的，他认为“笑的情感只是在见到旁人的弱点或自己过去的弱点时突然想起自己的优点所引起的‘突然荣耀感’”，觉得自己比别人强，现在比过去强。他强调“突然”，因为“可笑的东西必定是新奇的，不期然而然的”。

此外关于笑与喜剧的学说还很多，在现代较著名的有法国哲学家柏格森的《笑》（*Le Rire*）。他认为笑与喜剧都起于“生命的机械化”。世界在不停地变化，有生命的东西应经常保持紧张而有弹性，经常能随机应变。可笑的人物虽有生命而僵化和刻板公式化，“以不变应万变”，就难免要出洋相。柏格森举了很多例子。例如一个人走路倦了，坐在地上休息，没有什么可笑，但是闭着眼睛往前冲，遇到障碍物不知回避，一碰上就跌倒在地上，这就不免可笑。有一个退伍的老兵改充堂倌，旁人戏向他喊：“立正！”他就慌忙垂下两手，把捧的杯盘全部落地打碎，这就引起旁人大笑。依柏格森看，笑是一种惩罚，也是一种警告，使可笑的人觉到自己笨拙，加以改正。笑既有这样实用目的，所以它引起的美感不是纯粹的。“但笑也有几分美感，因为社会和个人在超脱生活急需时把自己当作艺术品看待，才有喜剧。”

现代值得注意的还有已提到的弗洛伊德的“巧智与隐意识”，不过不是三言两语可以介绍清楚的。他的英国门徒谷列格（Greig）在1923年编过一部笑与喜剧这个专题的书目就有三百几十种之多。诸位将来如果对这个专题想深入研究，可以参考。

我提出悲剧和喜剧这两个范畴作为最后一封信来谈，因为戏剧是文艺发展的高峰，是人民大众所喜闻乐见的综合性艺术。从电影剧、电视剧乃至一般曲艺的现状来看，可以预料到愈到工业化的高度发展的时代，戏剧就愈有广阔而光明的未来。社会主义时代是否还应该有悲剧和喜剧呢？在苏联，这个问题早已提出，可参看卢那察尔斯基的《论文学》（可参看蒋路的译文，人民文学出版社1978年出版）中“社会主义现实主义”章。近来我国文艺界也在热烈讨论这个问题。这是可喜的现象。我读过有关这些讨论的文章或报告，感到有时还有在概念上兜圈子的毛病，例如恩格斯在复拉萨尔的信里是否替悲剧下过定义，我们所需要的是否还是过去的那种悲剧和喜剧之类。有人还专从阶级斗争观点来考虑这类问题，有时也不免把问题弄得太简单化了。我们还应该多考虑一些具体的戏剧名著和戏剧在历史上的演变。

从西方戏剧发展史来看，我感到把悲剧和喜剧截然分开在今天已不妥当。希腊罗马时代固然把悲剧和喜剧的界限划得很严，其中原因之一确实是阶级的划分。上层领导人物才做悲剧主角，而中下层人物大半只能侧身于喜剧。到了文艺复兴时代，资产阶级（所谓“中层阶级”）已日渐登上政治舞台，也就要求登上文艺舞台了，民众的力量日益增强了，于是悲剧和喜剧的严格划分就站不住了。英国的莎士比亚和意大利的瓜里尼（G. Guarini）不约而同地创造出悲喜混杂剧来。瓜里尼还写过一篇《悲喜混杂剧体诗的纲领》，把悲喜混杂剧比作“寡头政体和民主政体相结合的共和政体”。这就反映出当时意大利城邦一般人民要和封建贵族分享政权的要求。莎士比亚的悲喜混杂剧大半在主情节（Main plot）之中穿插一个副情节（Subplot），上层人物占主情节，中下层人物则侧居副情节。如果主角是君主，他身旁一般还有一两个喜剧性的小丑，正如塞万提斯的传奇中堂吉诃德之旁还有个桑丘·潘沙。这部传奇最足以说明悲剧与喜剧不可分。堂吉诃德本人既是一个喜剧人物，又是一个十分可悲的人物。到了启蒙运动时在狄德罗和莱辛的影响之下，市民剧起来了，从此就很少有人写古典型的悲剧了。狄德罗主张用“严肃剧”来代替悲剧，只要题材重要就行，常用的主角不是达官贵人而是一般市民，有时所谓重要题材也不过是家庭纠纷。愈到近代，科学和理智日渐占上风，戏剧已不再纠缠在人的命运或诗的正义这些方面的矛盾，而要解决现实世界所面临的一些问题，于是易卜生和萧伯纳式的“问题剧”就应运而起。近代文艺思想日益侧重现实主义，现实世界的矛盾本来很复杂，纵横交错，很难严格区分为悲喜两个类型。就主观方面来说，有人偏重情感，有人偏重理智，对戏剧的反应也有大差别。我想起法国人有一句名言：“世界对爱动情感的人是个悲剧，对爱思考的人是个喜剧。”上文我已提到堂吉诃德，可以被人看成喜剧的，也可以被人看作悲剧的。电影巨匠卓别林也许是另一个实例。他是世所公认的大喜剧家，他的影片却每每使我起悲剧感，他引起的笑是“带泪的笑”。看《城市之光》时，我暗中佩服他是现代一位最大的悲剧家。他的作品使我想起对丑恶事物的笑或许是一种本能性的安全瓣，我对丑恶事物的笑，说明我可以不被邪恶势力压倒，我比它更强有力，可以和它开玩笑。卓别林的笑仿佛有这么一点意味。

因此，我觉得现在大可不必从概念上来计较悲剧的定义和区别。我们当然不可能“复兴”西方古典型的单纯的悲剧和喜剧。正在写这封信时，我看到最近上演的一部比较成功的话剧《未来在召唤》，在感到满意之余，我就自问：这部剧本究竟是悲剧还是喜剧？它的圆满结局不能使它列入悲剧范畴，它处理现实矛盾的严肃态度又不能使它列入喜剧。我从此想到狄德罗所说的“严肃剧”或许是我们的戏剧今后所走的道路。我也回顾了一下我们自己的戏剧发展史，凭非常浅薄的认识，我感到我们中国民族的喜剧感向来很强，而悲剧感却比较薄弱。其原因之一是我们的“诗的正义感”很强，爱好大团圆的结局，很怕看到亚里士多德所说的“像我们自己一样的好人因小过错而遭受大的灾祸”。不过这类不符合“诗的正义”（即“善有善报，恶有恶报”）的遭遇在现实世界中却是经常发生的。“诗的正义感”本来是个善良的愿望，我们儒家的中庸之道和《太上感应篇》的影响也起了不少的作用。悲剧感薄弱毕竟是个弱点，看将来历史的演变能否克服这个弱点吧。

现在回到大家在热烈讨论的“社会主义时代还要不要悲剧和喜剧”这个问题，这只能有一个实际意义：社会主义社会里是否还有悲剧性和喜剧性的人和事。过去十几年林彪和“四人帮”已对这个问题作出了明确的答复：当然还有！在理论上辩证唯物主义和历史唯物主义也早就对这个问题作了根本性的答复。历史是在矛盾对立斗争中发展的，只要世界还在前进，只要它还没有死，它就必然要动，动就有矛盾对立斗争的人和事，即有需要由戏剧来反映的现实材料和动作情节。这些动作情节还会是悲喜交错的，因为悲喜交错正是世界矛盾对立斗争在文艺领域的反映，不但在戏剧里是如此，在一切其他艺术里也是如此；不但在社会主义时代如此，在未来的共产主义时代也还是如此。祝这条历史长河永流不息！

（选自《谈美书简》，上海文艺出版社1980年版）

无言之美

孔子有一天突然地很高兴地对他的学生说："予欲无言。"子贡就接着问他："子如不言，则小子何述焉？"孔子说："天何言哉？四时行焉，百物生焉。天何言哉？"

这段赞美无言的话，本来从教育方面着想。但是要明了无言的意蕴，宜从美术观点去研究。

言所以达意，然而意决不是完全可以言达的。因为言是固定的、有迹象的；意是瞬息万变、飘渺无踪的。言是散碎的，意是混整的。言是有限的，意是无限的。以言达意，好像用断续的虚线画实物，只能得其近似。

所谓文学，就是以言达意的一种美术。在文学作品中，语言之先的意象和情绪意旨所附丽的语言，都要尽美尽善，才能引起美感。

尽美尽善的条件很多。但是第一要不违背美术的基本原理，要"和自然逼真"（true to nature）。这句话讲得通俗一点，就是说美术作品不能说谎。不说谎包含有两种意义：一、我们所说的话，就恰似我们所想说的话；二、我们所想说的话，我们都吐肚子说出来了，毫无余蕴。

意既不可以完全达之以言，“和自然逼真”一个条件在文学上不是做不到么？或者我们问得再直截一点，假使语言文字能够完全传达情意，假使笔之于书的和存之于心的铢两悉称，丝毫不爽，这是不是文学上所应希求的一件事？

这个问题是了解文学及其他美术所必须回答的。现在我们姑且答道：文字语言固然不能全部传达情绪意旨，假使能够，也并非文学所应希求的。一切美术作品也都是这样，尽量表现，非惟不能，而也不必。

先从事实下手研究。譬如有一个荒村或任何物体，摄影家把它照一幅相，美术家把它画一幅画。这种相片和图画可以从两个观点去比较：第一，相片或图画，哪一个较“和自然逼真”？不消说得，在同一视阈以内的东西，相片都可以包罗尽致，并且体积比例和实物都两两相称，不会有丝毫错误。图画就不然。美术家对一种境遇，未表现之先，先加一番选择。选择定的材料还须经过一番理想化，把美术家的人格参加进去，然后表现出来。所表现的只是实物一部分，就连这一部分也不必和实物完全一致。所以图画决不能如相片一样“和自然逼真”。第二，我们再问，相片和图画所引起的美感哪一个浓厚，所发生的印象哪一个深刻？这也不消说，稍有美术口胃的人都觉得图画比相片美得多。

文学作品也是同样。譬如《论语》:“子在川上曰:‘逝者如斯夫，不舍昼夜！’”几句话决没完全描写出孔子说这番话时候的心境，而“如斯夫”三字更笼统，没有把当时的流水形容尽致。如果说详细一点，孔子也许这样说:“河水滚滚地流去，日夜都是这样，没有一刻停止。世界上一切事物不都像这流水时常变化不尽么？过去的事物不就永远过去决不回头么？我看见这流水心中好不惨伤呀！……”但是纵使这样说去，还没有尽意。而比较起来，“逝者如斯夫，不舍昼夜”九个字比这段长而臭的演义就值得玩味多了！在上等文学作品中——尤其在诗词中——这种言不尽意的例子处处都可以看见。譬如陶渊明的《时运》“有风自南，翼彼新苗”,《读〈山海经〉》“微雨从东来，好风与之俱”本来没有表现出诗人的情绪，然而玩味起来，自觉有一种闲情逸致，令人心旷神怡。钱起的《省试湘灵鼓瑟》末二句“曲终人不见，江上数峰青”，也没有说出诗人的心绪，然而一种凄凉惜别的神情自然流露于言语之外。此外像陈子昂的《幽州台怀古》[①]:“前不见古人，后不见来者，念天地之悠悠，独怆然而涕下！”李白的《怨情》:“美人卷珠帘，深坐颦蛾眉。但见泪痕湿，不知心恨谁。”虽然说明了诗人的情感，而所说出来的多么简单，所含蓄的多么深远？再就写景说，无论何种境遇，要描写得惟妙惟肖，都要费许多笔墨。但是大手笔只选择两三件事轻描淡写一下，完全境遇便呈

① 或作《登幽州台》，即《登幽州台歌》。——编者注

露眼前，栩栩如生。譬如陶渊明的《归园田居》：“方宅十余亩，草屋八九间。榆柳荫后檐，桃李罗堂前。暧暧远人村，依依墟里烟。狗吠深巷中，鸡鸣桑树颠。”四十字把乡村风景描写多么真切！再如杜工部的《后出塞》：“落日照大旗，马鸣风萧萧。平沙列万幕，部伍各见招。中天悬明月，令严夜寂寥。悲笳数声动，壮士惨不骄。”寥寥几句话，把月夜沙场状况写得多么有声有色，然而仔细观察起来，乡村景物还有多少为陶渊明所未提及，战地情况还有多少为杜工部所未提及。从此可知文学上我们并不以尽量表现为难能可贵。

在音乐里面，我们也有这种感想，凡是唱歌奏乐，音调由洪壮急促而变到低微以至于无声的时候，我们精神上就有一种沉默肃穆和平愉快的景象。白香山在《琵琶行》[1]里形容琵琶声音暂时停顿的情况说：“冰泉冷涩弦凝绝，凝绝不通声暂歇。别有幽愁暗恨生，此时无声胜有声。”这就是形容音乐上无言之美的滋味。著名英国诗人济慈（Keats）在《希腊花瓶歌》也说，“听得见的声调固然幽美，听不见的声调尤其幽美”（Heard melodies are sweet , but those unheard sweeter），也是说同样道理。大概喜欢音乐的人都尝过此中滋味。

就戏剧说，无言之美更容易看出。许多作品往往在热闹场中动作快到极重要的一点时，忽然万籁俱寂，现出一种沉默神秘的景象。梅特林克（Maeterlinck）的作品就是好例。譬如《青

① 见图四。——编者注

鸟》的布景，择夜阑人静的时候，使重要角色睡得很长久，就是利用无言之美的道理。梅氏并且说："口开则灵魂之门闭，口闭则灵魂之门开。"赞无言之美的话不能比此更透辟了。莎士比亚的名著《哈姆雷特》一剧开幕便描写更夫守夜的状况，德林瓦特（Drinkwater）在其《林肯》中描写林肯在南北战争军事旁午的时候跪着默祷，王尔德（O. Wilde）的《温德梅尔夫人的扇子》里面描写温德梅尔夫人私奔在她的情人寓所等候的状况，都在兴酣局紧，心悬悬渴望结局时，放出沉默神秘的色彩，都足以证明无言之美的。近代又有一种哑剧和静的布景，或只有动作而无言语，或连动作也没有，就将靠无言之美引人入胜了。

雕刻塑像本来是无言的，也可以拿来说明无言之美。所谓无言，不一定指不说话，是注重在含蓄不露。雕刻以静体传神，有些是流露的，有些是含蓄的。这种分别在眼睛上尤其容易看见。中国有一句谚语说，"金刚怒目，不如菩萨低眉"。所谓怒目，便是流露；所谓低眉，便是含蓄。凡看低头闭目的神像，所生的印象往往特别深刻。最有趣的就是西洋爱神的雕刻，她们男女都是瞎了眼睛。这固然根据希腊的神话，然而实在含有美术的道理，因为爱情通常都在眉目间流露，而流露爱情的眉目是最难比拟的。所以索性雕成盲目，可以耐人寻思。当初雕刻家原不必有意为此，但这些也许是人类不用意识而自然碰着的巧。

要说明雕刻上流露和含蓄的分别，希腊著名雕刻《拉奥孔》（*Laocoon*）[①]是最好的例子。相传拉奥孔犯了大罪，天神用了一种极惨酷的刑法来惩罚他，遣了一条恶蛇把他和他的两个儿子在一块绞死了。在这种极刑之下，未死之前当然有一种悲伤惨戚目不忍睹的一顷刻，而希腊雕刻家并不擒住这一顷刻来表现，他只把将达苦痛极点前一顷刻的神情雕刻出来，所以他所表现的悲哀是含蓄不露的。倘若是流露的，一定带了挣扎呼号的样子。这个雕刻，一眼看去，只觉得他们父子三人都有一种难言之恫；仔细看去，便可发见条条筋肉根根毛孔都暗示一种极苦痛的神情。德国莱辛（Lessing）的名著《拉奥孔》就根据这个雕刻，讨论美术上含蓄的道理。

以上是从各种艺术中信手拈来的几个实例。把这些个别的实例归纳在一起，我们可以得一个公例，就是：拿美术来表现思想和情感，与其尽量流露，不如稍有含蓄；与其吐肚子把一切都说出来，不如留一大部分让欣赏者自己去领会。因为在欣赏者的头脑里所生的印象和美感，有含蓄比较尽量流露的还要更加深刻。换句话说，说出来的越少，留着不说的越多，所引起的美感就越大、越深、越真切。

这个公例不过是许多事实的总结束。现在我们要进一步求出解释这个公例的理由。我们要问何以说得越少，引起的美感反而越深刻？何以无言之美有如许势力？

想答复这个问题，先要明白美术的使命。人类何以有美术

① 见图十八。——编者注

的要求？这个问题本非一言可尽。现在我们姑且说，美术是帮助我们超脱现实而求安慰于理想境界的。人类的意志可向两方面发展：一是现实界，一是理想界。不过现实界有时受我们的意志支配，有时不受我们的意志支配。譬如我们想造一所房屋，这是一种意志。要达到这个意志，必费许多力气去征服现实，要开荒辟地，要造砖瓦，要架梁柱，要赚钱去请泥水匠。这些事都是人力可以办到的，都是可以用意志支配的。但是我们的意志想造一座空中楼阁。现实界凡物皆向地心下坠一条定律，就不可以用意志征服。所以意志在现实界活动，处处遇障碍，处处受限制，不能圆满地达到目的，实际上我们的意志十之八九都要受现实限制，不能自由发展。譬如谁不想有美满的家庭？谁不想住在极乐国？然而在现实界决没有所谓极乐美满的东西存在。因此我们的意志就不能不和现实发生冲突。

一般人遇到意志和现实发生冲突的时候，大半让现实征服了意志，走到悲观烦闷的路上去，以为件件事都不如人意，人生还有什么意味？所以堕落、自杀、逃空门种种的消极的解决法就乘虚而入了，不过这种消极的人生观不是解决意志和现实冲突最好的方法。因为我们人类生来不是懦弱者，而这种消极的人生观甘心让现实把意志征服了，是一种极懦弱的表示。

然则此外还有较好的解决法么？有的，就是我所谓超现实。我们处世有两种态度，人力所能做到的时候，我们竭力征服现实。人力莫可奈何的时候，我们就要暂时超脱现实，储蓄精力待将来再向他方面征服现实。超脱到哪里去呢？超脱到理想界去。现实界处处有障碍有限制，理想界是天空任鸟飞，极空阔极自由的。现实界不可以造空中楼阁，理想界是可以造空中楼阁的。现实界没有尽美尽善，理想界是有尽美尽善的。

姑取实例来说明。我们走到小城市里去，看见街道窄狭污浊，处处都是阴沟厕所，当然感觉不快，而意志立时就要表示态度。如果意志要征服这种现实哩，我们就要把这种街道房屋一律拆毁，另造宽大的马路和清洁的房屋。但是谈何容易？物质上发生种种障碍，这一层就不一定可以做到。意志在此时如何对付呢？他说：我要超脱现实，去在理想界造成理想的街道房屋来，把它表现在图画上，表现在雕刻上，表现在诗文上。于是结果有所谓美术作品。美术家成了一件作品，自己觉得有创造的大力，当然快乐已极。旁人看见这种作品，觉得它真美丽，于是也愉快起来了，这就是所谓美感。

因此美术家的生活就是超现实的生活，美术作品就是帮助我们超脱现实到理想界去求安慰的。换句话说，我们有美术的要求，就因为现实界待遇我们太刻薄，不肯让我们的意志推行无碍，于是我们的意志就跑到理想界去求慰情的路径。美术作品之所以美，就美在它能够给我们很好的理想境界。所以我们可以说，美术作品的价值高低就看它超现实的程度大小，就看它所创造的理想世界是阔大还是窄狭。

但是美术又不是完全可以和现实界绝缘的。它所用的工具——例如雕刻用的石头，图画用的颜色，诗文用的语言——都是在现实界取来的。它所用的材料——例如人物情状悲欢离合——也是现实界的产物。所以美术可以说是以毒攻毒，利用现实的帮助以超脱现实的苦恼。上面我们说过，美术作品的价值高低要看它超脱现实的程度如何。这句话应稍加改正，我们应该说，美术作品的价值高低，就看它能否借极少量的现实界的帮助，创造极大量的理想世界出来。

在实际上说，美术作品借现实界的帮助愈少，所创造的理想世界也因而愈大。再拿相片和图画来说明。何以相片所引起的美感不如图画呢？因为相片上一形一影，件件都是真实的，而且应有尽有，发泄无遗。我们看相片，种种形影好像钉子把我们的想象力都钉死了。看到相片，好像看到二五，就只能想到一十，不能想到其他数目。换句话说，相片把事物看得忒真，没有给我们以想象余地。所以相片只能抄写现实界，不能创造理想界。图画就不然。图画家用美术眼光，加一番选择的功夫，在一个完全境遇中选择了一小部分事物，把它们又经过一番理想化，然后才表现出来。惟其留着一大部分不表现，欣赏者的想象力才有用武之地。想象作用的结果就是一个理想世界。所以图画所表现的现实世界虽极小而创造的理想世界则极大。孔子谈教育说："举一隅不以三隅反，则不复也。"相片是把四隅通举出来了，不要你劳力去"复"。图画就只举一隅，叫欣赏者加一番想象，然后"以三隅反"。

流行语中有一句说："言有尽而意无穷。"无穷之意达之以有尽之言，所以有许多意，尽在不言中。文学之所以美，不仅在有尽之言，而尤在无穷之意。推广地说，美术作品之所以美，不是只美在已表现的一小部分，尤其是美在未表现而含蓄无穷的一大部分，这就是本文所谓无言之美。

因此美术要"和自然逼真"一个信条应该这样解释："和自然逼真"是要窥出自然的精髓所在，而表现出来；不是说要把自然当作一篇印版文字，很机械地抄写下来。

这里有一个问题会发生。假使我们欣赏美术作品，要注重在未表现而含蓄着的一部分，要超"言"而求"言外意"，各个人有各个人的见解，所得的言外意不是难免殊异么？当然，美术作品之所以美，就美在有弹性，能拉得长，能缩得短。有弹性所以不呆板。同一美术作品，你去玩味有你的趣味，我去玩味有我的趣味。譬如莎氏乐府所以在艺术上占极高位置，就因为各种阶级的人在不同的环境中都欢喜读它。有弹性，所以不陈腐。同一美术作品，今天玩味有今天的趣味，明天玩味有明天的趣味。凡是经不得时代淘汰的作品都不是上乘。上乘文学作品，百读都令人不厌的。

就文学说，诗词比散文的弹性大；换句话说，诗词比散文所含的无言之美更丰富。散文是尽量流露的，愈发挥尽致，愈见其妙。诗词是要含蓄暗示，若即若离，才能引人入胜。现在一般研究文学的人都偏重散文——尤其是小说。对于诗词很疏忽。这件事实可以证明一般人文学欣赏力很薄弱。现在如果要提高文学，必先提高文学欣赏力。要提高文学欣赏力，必先在诗词方面特下功夫，把鉴赏无言之美的能力养得很敏捷。因此我很希望文学创作者在诗词方面多努力，而学校国文课程中诗歌应该占一个重要的位置。

本文论无言之美，只就美术一方面着眼。其实这个道理在伦理、哲学、教育、宗教及实际生活各方面，都不难发见。老子《道德经》开卷便说："道可道，非常道；名可名，非常名。"这就是说伦理哲学中有无言之美。儒家谈教育，大半主张潜移默化，所以拿时雨春风做比喻。佛教及其他宗教之能深入人心，也是借沉默神秘的势力。幼稚园创造者蒙台梭利利用无言之美的办法尤其有趣。在她的幼稚园里，教师每天趁儿童顽得很热闹的时候，猛然地在粉板上写一个"静"字，或奏一声琴。全体儿童于是都跑到自己的座位去，闭着眼睛蒙着头伏案做假睡的姿势，但是他们不可睡着。几分钟后，教师又用很轻微的声音，从颇远的地方呼唤各个儿童的名字。听见名字的就要立刻醒起来。这就是使儿童可以在沉默中领略无言之美。

就实际生活方面说，世间最深切的莫如男女爱情。爱情摆在肚子里面比摆在口头上来得恳切。"齐心同所愿，含意俱未伸"和"更无言语空相觑"，比较"细语温存""怜我怜卿"的滋味还要更加甜蜜。英国诗人布莱克（Blake）有一首诗叫做《爱情之秘》（*Love's Secret*）里面说：

(一)切莫告诉你的爱情，

爱情是永远不可以告诉的，

因为她像微风一样，

不做声不做气地吹着。

(二)我曾经把我的爱情告诉而又告诉，

我把一切都披肝沥胆地告诉爱人了，

打着寒颤，耸头发地告诉，

然而她终于离我去了！

(三)她离我去了，

不多时一个过客来了。

不做声不做气地，只微叹一声，

便把她带去了。

这首短诗描写爱情上无言之美的势力，可谓透辟已极了。本来爱情完全是一种心灵的感应，其深刻处是老子所谓不可道不可名的。所以许多诗人以为“爱情”两个字本身就太滥太寻常太乏味，不能拿来写照男女间神圣深挚的情绪。

其实何只爱情？世间有许多奥妙，人心有许多灵悟，都非言语可以传达，一经言语道破，反如甘蔗渣滓，索然无味。这个道理还可以推到宇宙人生诸问题方面去。我们所居的世界是最完美的，就因为它是最不完美的。这话表面看去，不通已极。但是实在含有至理。假如世界是完美的，人类所过的生活——比好一点，是神仙的生活，比坏一点，就是猪的生活——便呆板单调已极，因为倘若件件都尽美尽善了，自然没有希望发生，更没有努力奋斗的必要。人生最可乐的就是活动所生的感觉，就是奋斗成功而得的快慰。世界既完美，我们如何能尝创造成功的快慰？这个世界之所以美满，就在有缺陷，就在有希望的机会，有想象的田地。换句话说，世界有缺陷，可能性（potentiality）才大。这种可能而未能的状况就是无言之美。世间有许多奥妙，要留着不说出；世间有许多理想，也应该留着不实现。因为实现以后，跟着“我知道了”的快慰便是“原来不过如是”的失望。

天上的云霞有多么美丽！风涛虫鸟的声息有多么和谐！用颜色来摹绘，用金石丝竹来比拟，任何美术家也是作践天籁，糟蹋自然！无言之美何限？让我这种拙手来写照，已是糟粕枯骸！这种罪过我要完全承认的。倘若有人骂我胡言乱道，我也只好引陶渊明的诗回答他说：“此中有真味，欲辨已忘言！”

十三年（1924年）仲冬脱稿于上虞白马湖畔

（原载《民铎》1924年，后收入《给青年的十二封信》）

谈动

朋友：

从屡次来信看，你的心境近来似乎很不宁静。烦恼究竟是一种暮气，是一种病态，你还是一个十八九岁的青年，就这样颓唐沮丧，我实在替你担忧。

一般人欢喜谈玄，你说烦恼，他便从“哲学辞典”里拖出“厌世主义”“悲观哲学”等等堂哉皇哉的字样来叙你的病由。我不知道你感觉如何？我自己从前仿佛也尝过烦恼的况味，我只觉得忧来无方，不但人莫知之，连我自己也莫名其妙，哪里有所谓哲学与人生观！我也些微领过哲学家的教训：在心气和平时，我景仰希腊廊下派哲学者，相信人生当皈依自然，不当存有嗔喜贪恋；我景仰托尔斯泰，相信人生之美在宥与爱；我景仰布朗宁，相信世间有丑才能有美，不完全乃真完全；然而外感偶来，心波立涌，拿天大的哲学，也抵挡不住。这固然是由于缺乏修养，但是青年们有几个修养到“不动心”的地步呢？从前长辈们往往拿“应该不应该”的大道理向我说法。他们说，像我这样一个青年应该活泼泼的，不应该暮气沉沉的，应该努力做学问，不应该把自己的忧乐放在心头。谢谢罢，请留着这服“应该”的方剂，将来患烦恼的人还多呢！

朋友，我们都不过是自然的奴隶，要征服自然，只得服从自然。违反自然，烦恼才乘虚而入，要排解烦闷，也须得使你的自然冲动有机会发泄。人生来好动，好发展，好创造。能动，能发展，能创造，便是顺从自然，便能享受快乐；不动，不发展，不创造，便是摧残生机，便不免感觉烦恼。这种事实在流行语中就可以见出，我们感觉快乐时说“舒畅”，感觉不快乐时说“抑郁”。这两个字样可以用作形容词，也可以用作动词。用作形容词时，它们描写快或不快的状态；用作动词时，我们可以说它们说明快或不快的原因。你感觉烦恼，因为你的生机被抑郁；你要想快乐，须得使你的生机能舒畅，能宣泄。流行语中又有“闲愁”的字样，闲人大半易于发愁，就因为闲时生机静止而不舒畅。青年人比老年人易于发愁些，因为青年人的生机比较强旺。小孩子们的生机也很强旺，然而不知道愁苦，因为他们时时刻刻的游戏，所以他们的生机不至于被抑郁。小孩子们偶尔不很乐意，便放声大哭，哭过了气就消去。成人们感觉烦恼时也还要拘礼节，哪能由你放声大哭呢？吃黄连苦在心头，所以愈觉其苦。歌德少时因失恋而想自杀，幸而他的文机动了，埋头两礼拜著成一部《少年维特之烦恼》，书成了，他的气也泄了，自杀的念头也打消了。你发愁时并不一定要著书，你就读几篇哀歌，听一幕悲剧，借酒浇愁，也可以大畅胸怀。从前我很疑惑何以剧情愈悲而读之愈觉其快意，近来才悟得这个泄与郁的道理。

总之，愁生于郁，解愁的方法在泄；郁由于静止，求泄的方法在动。从前儒家讲心性的话，从近代心理学眼光看，都很粗疏，只有孟子的“尽性”一个主张，含义非常深广。一切道德学说都不免肤浅，如果不从“尽性”的基点出发。如果把“尽性”两字懂得透彻，我以为生活目的在此，生活方法也就在此。人性固然是复杂的，可是人是动物，基本性不外乎动。从动的中间我们可以寻出无限快慰。这个道理我可以拿两种小事来印证：从前我住在家里，自己的书房总欢喜自己打扫。每看到书籍零乱，灰尘满地，你亲自去洒扫一过，霎时间混浊的世界变成明窗净几，此时悠然就坐，游目骋怀，乃觉有不可言喻的快慰。再比方你自己是欢喜打网球的，当你起劲打球时，你还记得天地间有所谓烦恼么？

你大约记得晋人陶士行的故事。他老来罢官闲居，找不得事做，便去搬砖。晨间把一百块砖由斋里搬到斋外，暮间把一百块砖由斋外搬到斋里。人问其故，他说：“吾方致力中原，过尔优逸，恐不堪事。”他又尝对人说：“大禹圣人，乃惜寸阴，至于众人，当惜分阴。”其实惜阴何必定要搬砖，不过他老先生还很茁壮，借这个玩艺儿多活动活动，免得抑郁无聊罢了。

朋友，闲愁最苦！愁来愁去，人生还是那么样一个人生，世界也还是那么样一个世界。假如把自己看得伟大，你对于烦恼，当有“不屑”的看待；假如把自己看得渺小，你对于烦恼当有“不值得”的看待；我劝你多打网球，多弹钢琴，多栽花木，多搬砖弄瓦。假如你不喜欢这些玩艺儿，你就谈谈笑笑，跑跑跳跳，也是好的。就在此祝你

谈谈笑笑，

跑跑跳跳！

你的朋友　光潜

（选自《给青年的十二封信》，开明书店1929年版）

谈静

朋友：

前信谈动，只说出一面真理。人生乐趣一半得之于活动，也还有一半得之于感受。所谓"感受"是被动的，是容许自然界事物感动我的感官和心灵。这两个字涵义极广。眼见颜色，耳闻声音，是感受；见颜色而知其美，闻声音而知其和，也是感受。同一美颜，同一和声，而各个人所见到的美与和的程度又随天资境遇而不同。比方路边有一棵苍松，你看见它只觉得可以砍来造船，我见到它可以让人纳凉，旁人也许说它很宜于入画，或者说它是高风亮节的象征。再比方街上有一个乞丐，我只能见到他的蓬头垢面，觉得他很讨厌；你见他便发慈悲心，给他一个铜子；旁人见到他也许立刻发下宏愿，要打翻社会制度。这几个人反应不同，都由于感受力有强有弱。

世间天才之所以为天才，固然由于具有伟大的创造力，而他的感受力也分外比一般人强烈。比方诗人和美术家，你见不到的东西他能见到，你闻不到的东西他能闻到。麻木不仁的人就不然，你就请伯牙向他弹琴，他也只联想到棉匠弹棉花。感受也可以说是“领略”，不过领略只是感受的一方面。世界上最快活的人不仅是最活动的人，也是最能领略的人。所谓领略，就是能在生活中寻出趣味。好比喝茶，渴汉只管满口吞咽，会喝茶的人却一口一口地细啜，能领略其中风味。

能处处领略到趣味的人决不至于岑寂，也决不至于烦闷。朱子有一首诗说：“半亩方塘一鉴开，天光云影共徘徊，问渠那得清如许？为有源头活水来。”这是一种绝美的境界。你姑且闭目一思索，把这幅图画印在脑里，然后假想这半亩方塘便是你自己的心，你看这首诗比拟人生苦乐多么惬当！一般人的生活干燥，只是因为他们的“半亩方塘”中没有天光云影，没有源头活水来，这源头活水便是领略得的趣味。

领略趣味的能力固然一半由于天资，一半也由于修养。大约静中比较容易见出趣味。物理上有一条定律说：两物不能同时并存于同一空间。这个定律在心理方面也可以说得通。一般人不能感受趣味，大半因为心地太忙，不空所以不灵。我所谓“静”，便是指心界的空灵，不是指物界的沉寂，物界永远不沉寂的。你的心境愈空灵，你愈不觉得物界沉寂，或者我还可以进一步说，你的心界愈空灵，你也愈不觉得物界喧嘈。所以习静并不必定要逃空谷，也不必定学佛家静坐参禅。静与闲也不同。许多闲人不必都能领略静中趣味，而能领略静中趣味的人，也不必定要闲。在百忙中，在尘世喧嚷中，你偶然间丢开一切，悠然遐想，你心中便蓦然似有一道灵光闪烁，无穷妙悟便源源而来。这就是忙中静趣。

我这番话都是替两句人人知道的诗下注脚。这两句诗就是："万物静观皆自得，四时佳兴与人同。"大约诗人的领略力比一般人都要大。近来看周作人的《雨天的书》引日本人小林一茶的一首俳句。

不要打哪，苍蝇搓他的手，搓他的脚呢。

觉得这种情境真是幽美。你懂得这一句诗就懂得我所谓静趣。中国诗人到这种境界的也很多。现在姑且就一时所想到的写几句给你看：

"鱼戏莲叶东，鱼戏莲叶西，鱼戏莲叶南，鱼戏莲叶北。"

——古诗，作者姓名佚

"山涤余霭，宇暖微霄。有风自南，翼彼新苗。"

——陶渊明《时运》

"采菊东篱下，悠然见南山。山气日夕佳，飞鸟相与还。"

——陶渊明《饮酒》

"目送飘鸿[①]，手挥五弦。俯仰自得，游心太玄。"

——嵇叔夜《送秀才从军》

① 一作"归鸿"。——编者注

"倚杖柴门外，临风听暮蝉。渡头余落日，墟里上孤烟。"

——王摩诘《赠裴迪》[①]

像这一类描写静趣的诗，唐人五言绝句中最多。你只要仔细玩味，你便可以见到这个宇宙又有一种景象，为你平时所未见到的。梁任公的《饮冰室文集》里有一篇谈"烟士披里纯"，詹姆斯的《与教员学生谈话》(James：*Talks To Teachers and Students*)里面有三篇谈人生观，关于静趣都说得很透辟。可惜此时这两部书都不在手边，不能录几段出来给你看。你最好自己到图书馆里去查阅。詹姆斯的《与教员学生谈话》那三篇文章(最后三篇)尤其值得一读，记得我从前读这三篇文章，很受他感动。

静的修养不仅是可以使你领略趣味，对于求学处事都有极大帮助。释迦牟尼在菩提树阴静坐而证道的故事，你是知道的。古今许多伟大人物常能在仓皇扰乱中雍容应付事变，丝毫不觉张皇，就因为能镇静。现代生活忙碌，而青年人又多浮躁。你站在这潮流里，自然也难免跟着旁人乱嚷。不过忙里偶然偷闲，闹中偶然习静，于身于心，都有极大裨益。你多在静中领略些趣味，不特你自己受用，就是你的朋友们看着你也快慰些。我生平不怕呆人，也不怕聪明过度的人，只是对着没有趣味的人，要勉强同他说应酬话，真是觉得苦也。你对着有趣味的人，你并不必多谈话，只是默然相对，心领神会，便可觉

① 即《辋川闲居赠裴秀才迪》。——编者注

得朋友中间的无上至乐。你有时大概也发生同样感想罢?

眠食诸希珍重!

你的朋友　光潜

(选自《给青年的十二封信》,开明书店1929年版)

谈趣味

拉丁文中有一句陈语："谈到趣味无争辩。""文章千古事，得失寸心知。"不但作者对于自己的作品是如此，就是读者对于作者恐怕也没有旁的说法。如果一个人相信地球是方的或是泰山比一切的山都高，你可以和他争辩，可以用很精确的论证去说服他，但是如果他说《花月痕》比《浮生六记》高明，或是两汉以后无文章，你心里尽管不以他为然，口里最好不说，说也无从说起。遇到"自家人"，彼此相看一眼，心领神会就行了。

这番话显然带着一些印象派批评家的牙慧。事实上我们天天谈文学，在批评谁的作品好，谁的作品坏，文学上自然也有是非好丑，你欢喜坏的作品而不欢喜好的作品，这就显得你的趣味低下，还有什么话可说？这话谁也承认，但是难问题不在此，难问题在你以为丑他以为美，或者你以为美而他以为丑时，你如何能使他相信你而不相信他自己呢？或者进一步说，你如何能相信你自己一定是对呢？你说文艺上自然有一个好丑的标准，这个标准又如何可以定出来呢？从前文学批评家们有些人以为要取决于多数，以为经过长久时间淘汰而仍巍然独存，为多数人所欣赏的作品总是好的。相信这话的人太多，我不敢公开地怀疑，但是在我们至好的朋友中，我不妨说句良心话：我们至多能活到一百岁，到什么时候才能知道Marcel Proust或D.H.Lawrence值不值得读一读呢？从前批评家们也有人，例如阿诺德，以为最稳当的办法是拿古典名著做“试金石”，遇到新作品时，把它拿来在这块“试金石”上面擦一擦，硬度如果相仿佛，它一定是好的；如果擦了要脱皮，你就不用去理会它。但是这种办法究竟是把问题推远而并没有解决它，文学作品究竟不是石头，两篇相擦时，谁看见哪一篇“脱皮”呢？

“天下之口有同嗜”——但是也有例外。文学批评之难就难在此。如果依正统派，我们便要抹煞例外；如果依印象派，我们便要抹煞“天下之口有同嗜”。关于文学的嗜好，“例外”也并不可一笔勾销。在Keats未死以前，嗜好他的诗的人是例外，在印象主义闹得很轰烈时，真正嗜好Malarmé的诗人还是例外，我相信现在真正欢喜T.S.Eliot的人恐怕也得列在例外。这些“例外”的人常自居élite之列，而实际上他们也往往真是élite。所谓“经过长久时间淘汰而仍巍然独存的”作品往往是先由这班“例外”的先生们捧出来的。

在正统派看，“天下之口有同嗜”一个公式之不可抹煞当更甚于“例外”之不可抹煞。他们总得喊要“标准”，喊要“普遍性”。他们自然也有正当道理。反正这场官司打不清，各个时代都有喊要标准的人，同时也都有信任主观嗜好的人。他们各有各的功劳，大家正用不着彼此瞧不起彼此。

文艺不一定只有一条路可走。东边的景致只有面朝东走的人可以看见，西边的景致也只有面朝西走的人可以看见。向东走者听到向西走者称赞西边景致时觉其夸张，同时怜惜他没有看到东边景致美。向西走者看待向东走者也是如此。这都是常有的事，我们不必大惊小怪。理想的游览风景者是向东边走过之后能再回头向西走一走，把东西两边的风味都领略到。这种人才配估定东西两边的优劣。也许他以为日落的景致和日出的景致各有胜境，根本不同，用不着去强分优劣。

一个人不能同时走两条路，出发时只有一条路可走。从事文艺的人入手不能不偏，不能不依傍门户，不能不先培养一种偏狭的趣味。初喝酒的人对于白酒红酒种种酒都同样地爱喝，他一定不识酒味。到了识酒味时他的嗜好一定偏狭，非是某一家某一年的酒不能使他喝得畅快。学文艺也是如此，没有尝过某一种clique的训练和滋味的人总不免有些江湖气。我不知道会喝酒的人是否可以从非某一家某一年的酒不喝，进到只要是好酒都可以识出味道；但是我相信学文艺者应该能从非某家某派诗不读，做到只要是好诗都可以领略到滋味的地步。这就是说，学文艺的人入手虽不能不偏，后来却要能不偏，能凭空俯视一切门户派别，看出偏的弊病。

文学本来一国有一国的特殊的趣味，一时有一时的特殊的风尚。就西方诗说，拉丁民族的诗有为日耳曼民族所不能欣赏的境界，日耳曼民族的诗也有为非拉丁民族所能欣赏的境界。寝馈于古典派作品既久者对于浪漫派作品往往格格不入；寝馈于象征派既久者亦觉其他作品都索然无味。中国诗的风尚也是随时代变迁。汉魏六朝唐宋各有各的派别，各有各的信徒。明人尊唐，清人尊宋，好高古者祖汉魏，喜妍艳者推重六朝和西昆。门户之见也往往很严。

但是门户之见可以范围初学而不足以羁縻大雅。读诗较广泛者常觉得自己的趣味时时在变迁中，久而久之，有如江湖游客，寻幽览胜，风雨晦明，川原海岳，各有妙境，吾人正不必以此所长，量彼所短，各派都有长短，取长弃短，才无偏蔽。古今的优劣实在不易下定评，古有古的趣味，今也有今的趣味。后人做不到“蒹葭苍苍”和“涉江采芙蓉”诸诗的境界，古人也做不到“空梁落燕泥”和“山山尽落晖”诸诗的境界。浑朴精妍原来是两种不同的趣味，我们不必强其同。

文艺上一时的风尚向来是靠不住的。在法国17世纪新古典主义盛行时，16世纪的诗被人指摘，体无完肤，到浪漫时代大家又觉得“七星派诗人”亦自有独到境界。在英国浪漫主义盛行时，学者都鄙视17、18世纪的诗；现在浪漫的潮流平息了，大家又觉得从前被人鄙视的作品，亦自有不可磨灭处。

个人的趣味演进亦往往如此。涉猎愈广博，偏见愈减少，趣味亦愈纯正。从浪漫派脱胎者到能见出古典派的妙处时，专在唐宋做工夫者到能欣赏六朝人作品时，笃好苏辛词者到能领略温李的情韵时，才算打通了诗的一关。好浪漫派而止于浪漫派者，或是好苏辛而止于苏辛者，终不免坐井观天，诬天渺小。

趣味无可争辩，但是可以修养。文艺批评不可抹视主观的私人的趣味，但是始终拘执一家之言者的趣味不足为凭。文艺自有是非标准，但是这个标准不是古典，不是"耐久"和"普及"，而是从极偏走到极不偏，能凭空俯视一切门户派别者的趣味；换句话说，文艺标准是修养出来的纯正的趣味。

（选自《孟实文钞》，良友图书公司1936年版。）

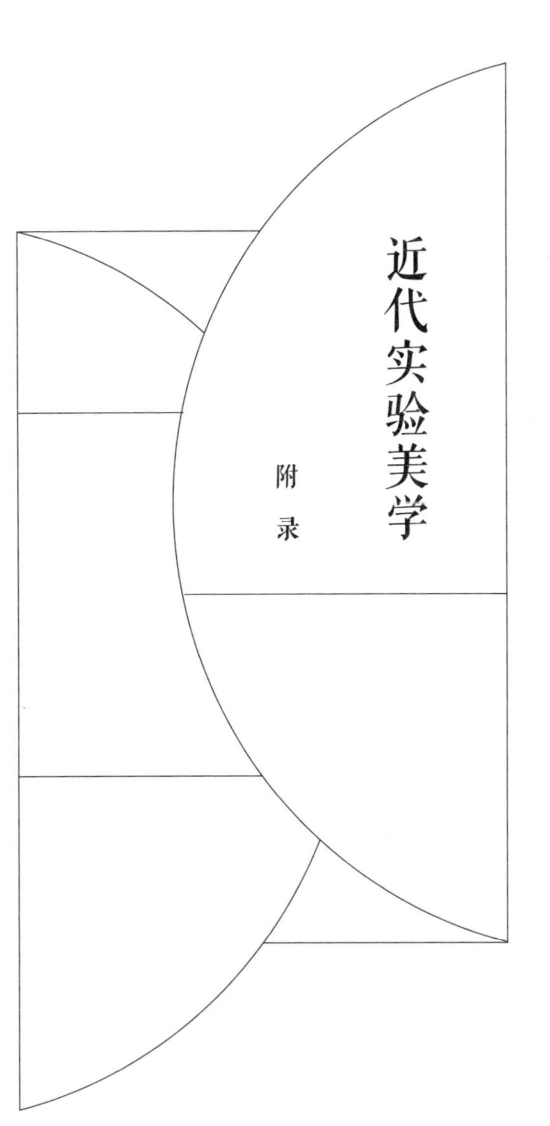
近代实验美学
附录

第一章　颜色美

拿科学方法来作美学的实验从德国心理学家斐西洛（Fechner, 1801—1887）起，所以实验美学的历史还不到一百年。这样短的时间中当然难有很大的收获，不过就已得的结果说，它对于理论方面有时也颇有帮助。理论上许多难题将来也许可以在实验方面寻得解决，所以实验美学特别值得注意。我们在以下三章中约述近代美学对于色、形、声的实验。

实验美学在理论上有许多困难，这是我们不容讳言的。第一，美的欣赏是一种完整的经验，而科学方法要知道某特殊现象恰起于某特殊原因，却不得不把这种完整的经验打破，去仔细分析它的成分。譬如一幅画所表现的是一个完整的境界，它所以美也就美在这完整的境界，其中各部分都因全体而得意义。实验美学格于科学方法，不能很笼统地拿全幅画来做对象，须把它分析为若干颜色、若干形体、若干光影，然后再问它们对于观者所生的心理影响如何。但是独立的颜色、形体和光影是一回事，在图画中颜色、形体和光影又是一回事。全体和部分相匀称、调和才能引起美感，把全体拆碎而只研究部分，则美已无形消失。总之，艺术作品的各部分之和并不能等于全体，而实验美学却须于部分之和求全体，所以结果有时靠不住。把全幅画拆碎而单论某形某色以寻美之所在，也犹如把整个的人剖开而单论手足脏腑以求生命之所在，同是一样荒谬。因此，文学家和艺术家们听到心理学家们把文艺作品拿到实验室里去分析，往往嗤笑他们愚昧。在他们看，文艺作品都带有几分飘忽的神秘性，不是科学所能捉摸到的。拿科学来讨论文艺，好比拿灯光来寻阴影。

第二，个个人不一定都知道什么叫做“美”，但是个个人都知道什么叫做“愉快”。拿一幅画给一个小孩子或是一个乡下人看，问他的意见如何，他说“很好看”。他所谓“很好看”就是指“美”么？如果追问他一句“它为什么好看？”他说：“我欢喜看它，看了它我就觉得愉快。”通常人所谓“美”大半都是指“愉快”，他看得很惬意，所以就说是“美”。心理学家的毛病也往往就在不分“美”与“愉快”，所以在实验时不问：“你觉得它美么？”只问：“你欢喜它么？看见它觉得愉快么？”本来一般人不明白“美”和“愉快”的分别，你就是问到美不美，他心里也还是只想到愉快不愉快，所以心理学家就是换个字样来问，也并无济于事。美感虽是快感，而快感却不一定是美感。实验心理学只能研究某种颜色、某种形体或是某种声音最能引起快感，却不能因而就断定它就是美。如果他这样断定，他就不免堕入“享乐派美学”的谬误了。

我们研究近代美学实验时，心里应时常记起这两个要点。在我们看，近代许多实验都忽视了这两个要点，所以它们的结果对于普通心理学虽然重要，而对于文艺心理学则只能供给一点聊助参考的材料。

我们先讲颜色。在图画、服装、器皿和自然景物之中，颜色都是很重要的成分。近代画家对于颜色和线形的重要争论极烈。佛罗伦萨派颇重线形的布置，以为图画的要务在制图；威尼斯派和印象派都偏重颜色的配合，以为图画的要务在着色。颜色所生的影响随人而异，甲欢喜红色，乙欢喜绿色，各有各的偏好。这种偏好是怎样起来的呢？颜色心理学所要研究的就是这个问题。概括地说，颜色的偏好一半起于生理作用，一半起于心理作用。

生理的组织不同，颜色所生的影响也就随之而异。同是一个颜色，合于某个人、某民族或是在某年龄的生理组织，不必合于另一个人、另一民族或是另一年龄的生理组织，所以甲欢喜它而乙嫌恶它。从前心理学家大半以为颜色的偏好全起于心理的联想作用。例如红是火的颜色，所以看到红色可以使人觉得温暖，青是田园草木的颜色，所以看到青色可以使人觉得平静。这种联想作用我们在下文还要详论，它自然可以解释一部分的事实，但是有些颜色的偏好却与联想无关。初出世的婴儿没有多少联想，可是他对于颜色也有偏好。据拉塔（Latta）教授的实验，有一个生来盲目者后来经医生施用手术，把障膜割去，第一次张眼看世界，见到红色就觉得愉快，见到黄色就发晕。这决不是联想作用可以解释的。动物对于颜色也有偏好，阿米巴避红光不避绿光，就是一个好例。有一位科学家曾经用同数蚯蚓摆在中有一孔相通的两个盒子里，一个盒子含红光，一个盒子含绿光。他每点钟开盒检点一次，发现绿光盒的蚯蚓逐渐爬到红光盒里去。他又用同样方法证明蚯蚓欢喜青色甚于欢喜绿色。这样低等的动物在生理方面都有适应颜色的生理组织，在人类自不用说了。

据一般实验的结果，儿童大半欢喜极鲜明的颜色，红、黄两色是一般儿童的偏好。实验时大半用两种颜色纸或木块摆在儿童面前，看他伸手抓某种颜色，就把它记录下来。实验的次数愈多，结果自然也愈可靠。每两种颜色至少须实验两次，第二次须把左右的位置互换，因为在右手方的颜色比左手方的被抓的机会较大。瓦伦汀（Valentine）教授曾经用下列方法试验一个三月半的孩子。他把孩子摆在褥子上，自己用两手执两个着色的羊毛球站在他面前一英尺半路的地方让他看。他看到孩子的眼球向某颜色移转，就告诉助手把该颜色记下。他的眼球转去时，他又叫助手记录下来，把每转动的时间也记着。每一对颜色都给他看两次，每次的左右的次序不同，都以两分钟为限。隔一天他又另换一对颜色试试。总共他用了九种颜色，作了七十二次试验，所以每种颜色都和其他八种颜色相对比较过。他把孩子看每种颜色的各次的时间总数相加起来，和他看其余八种颜色各项的时间总数相较，得到下列的百分比：黄，百分之八十；白，百分之七十四；淡红，百分之七十二；红，百分之四十五；棕，百分之三十七；黑，百分之三十五；蓝，百分之二十九；青，百分之二十八；紫，百分之九。最鲜明的（就是含白的成分最多的）颜色都列在前面。

年龄渐大，颜色的偏好也渐改变。比利时心理学者在安特卫普城各学校实验儿童的色觉，发现四岁至九岁的儿童最爱红色，九岁以上的儿童最爱绿色。文齐（Winch）在伦敦试验过二千学童（从七岁至十五岁），叫他们顺自己的嗜好把黑、白、红、青、黄、绿六种颜色列出次第来，发现男生的平均次第为绿、红、青、黄、白、黑，女生的平均次第为绿、红、白、青、黄、黑。再就年龄的差异说，最幼的多爱红色，较长的多爱绿色，和比利时的结果相符合。在婴儿时期中颜色的偏好可以说全由生理作用；年龄渐长，联想作用便逐渐渗入。据实验的结果，乡间儿童比城里儿童较爱青色，这有一部分由于青色和草木的联想。女孩比男孩较爱白色，也由于白色和清洁的联想。

愈近成年期，颜色的偏好就愈受联想作用的影响，所以对于成人的颜色试验颇非易事。据实验的结果，美国大学生偏好白、红、黄三色；英国男子爱好颜色的次第为青、绿、红、白、黄、黑，女子的次第为绿、青、白、红、黄、黑。这两种结果显然互相冲突。这或因为种族和区域的差异。南欧和热带的人所好的颜色较鲜明，北欧和寒带的人所好的颜色较暗淡。这种分别只要拿意大利画和荷兰画相较，或是拿热带人的衣服和寒带人的衣服相较，便易见出。

各民族感觉颜色的能力往往随文化程度而变迁。古希腊荷马史诗中有“黄”字和“红”字，有意义较暧昧的“青”字，没有“蓝”字和“棕”字。在中国古书中，依我所记得的，“蓝”字最早见于《荀子》（“青出于蓝”）。其他各国古书中“蓝”字也少见。据近代学者的调查，许多蒙昧民族（例如Madras的Uralis和Sholagas两民族及Mutray岛人）的语言中都只有“红”字和“黄”字，没有“蓝”字，“青”字也很少见。因此有人以为“蓝”的色觉起来最迟。婴儿在九岁以下都不好蓝色，也许与种族史有关。至于迟起的原因有人以为是生理的。较原始的民族的眼膜“黄点”的色斑较强，蓝色光和青色光到眼膜时就被它吸收了。有人以为它是心理的。原始的民族不很注意青、蓝二色，所以没有替它们起名字。

颜色的偏好不仅因种族和年龄而异，就是在同一种族、同一年龄的人也有差别。以前各种实验大半都是窥测大多数人的普遍倾向，首先顾到色觉的个别的差异者要推布洛。他的实验结果是对于美学颇有贡献的，不像从前的试验把“美”和“愉快”混为一谈，在一切颜色实验中它最为重要。他的方法和从前所用的也微有不同。从前人大半取两种或数种颜色叫受验者看，问他偏好哪一种。布洛每次只取一种颜色给受验者看，问他欢喜不欢喜，并且要他说出缘故来。他先后试验过四十三个成年人，每人都看过三十种颜色。结果他发现人在色觉方面可分为四类。

一、客观类（objective type）：这一类人看颜色只注意到它是否鲜明，是否饱和，是否纯粹。他的态度是理智的、批评的，不杂有丝毫情感的成分。他看到一种颜色，立刻就去分析它，看它的成分如何，有没有旁的颜色夹杂在内。他对于颜色的欣赏力最薄弱，对于许多颜色都不表好恶，听到旁人说某种颜色美，某种颜色丑，他只觉得茫然。他心中也有所谓“好颜色”，但是大半只指纯粹、饱和的颜色。他好像严守义法的批评家，拿预定的标准来批评颜色的好坏。

二、生理类（physiological type）：这一类人看颜色，偏重它的生理的影响。他说：“我欢喜这种颜色，因为它很温和，看起来眼睛很爽快；我不欢喜那种颜色，因为它刺激太烈，令人头昏目眩。”这类人的偏好大半都很明显，欢喜强烈刺激者偏好红色，欢喜和平刺激者偏好青色。颜色对于他们都有温度，有些是“热”的，有些是“冷”的。有一个受验者看到浅蓝色时甚至于打寒颤。有时他们又觉得颜色有重量。深暗的颜色都很沉重，令他们倦闷，浅淡的颜色都很轻便，令他们欣喜。这类人极多。他们的欣赏颜色的能力虽较客观类稍强，但是他们的注意力集中于颜色的生理影响，对于美感的欣赏还是缺乏。

三、联想类（associative type）：这类人看颜色，往往立刻就想到和它有关联的事物，例如见蓝色联想到天空，见红色联想到火，见青色联想到草木。这种联想大半是很普遍的，红色的联想大半是火，蓝色的联想大半是天空。但是它有时也是个别的，例如有一位受验者见到黄青色就联想到金鸡纳霜。联想可以把以往附丽在某事物的情感移到和它发生联想的颜色上面去。所以颜色对于这类人所引起的情感往往很强烈。“记得绿罗裙，处处怜芳草”就是一个好例。从生理的观点看来是不常引起快感的颜色可以因情感的联想而引起快感。例如正蓝色向来比深暗的黄青色较悦目，但是据瓦伦汀的实验，有一个女子却取深暗的黄青色而不取正蓝色，因为深暗的黄青色使她联想到她所最爱的秋天景色。属于这类者女子居多。我们已讨论过联想和美感的关系，曾否认联想所引起的情感为美感。依布洛说，联想有种类的不同，其在美感上的价值自亦不能一致。譬如同是青色，甲见到它联想到草木，乙见到它联想到药水，甲和乙的情感在美感上的价值自不能相提并论；甲的联想带有几分客观性，多数看见青色都联想到草木；乙的联想却完全是主观的、偶然的。论理，甲比乙对于青色的反应较近于美感经验。联想愈客观愈近于美感。但是只是“客观”一个条件也不能组成美感。如果甲的情感真是美感，他的生于联想内容（草木）的情感须能和生于颜色（青色）的情感相融化，使颜色恰能表现联想内容的神髓。布洛分联想为“融化的”（fused）和“不融化的”（non-fused）两种。不曾和联想内容相融化的颜色所联想起的情感就不是美感。

四、性格类（character type）：在这类人看，每种颜色都像人一样，都各有特殊的性格。有些颜色是和善的，有些颜色是勇敢的，有些颜色是狡猾的，有些颜色是神秘的。他们和以上三类都不相同。他们对于颜色能发生情感的共鸣，不像“客观类”全用冷静的分析。他们觉得颜色自身能表现情感，不像“生理类”只觉得颜色能引起人的情感。譬如他们和“生理类”都说“黄色是一种畅快的颜色”，而意义却不同，他们觉得黄色自己畅快，而“生理类”则只觉得它能使人畅快。他们对于同样颜色的性格，往往彼此所见略同。颜色的性格对于他们常有很深的客观性，不像“联想类”全凭主观，飘忽无定，这个人见到青色联想到草木，那个人见到青色联想到药水。在他们看，颜色的性格大半是固定的。红色大半是活跃的、豪爽的、富于同情心的。蓝色大半是冷静的、深沉的、不轻于让旁人知道自己的。黄色是畅快的、轻浮的。青色是古板的、闲逸的，带有几分“中产阶级的气派”。两种颜色相配合时，所生的性格往往恰能调剂两种本色的性格。例如橙色是红、黄两色配合而成的，它一方面失去若干黄色所固有的轻便，一方面也失去若干红色所固有的豪爽。颜色都有性格，所以在文艺上和宗教上常有象征的功用。中国从前每朝代都有“色尚某”的规定，就是用颜色来象征一种性格。

颜色何以使人觉得它有性格呢？我们看见红色，何以觉得它活跃豪爽、富于同情心呢？各派学者对于这个问题有种种的解答。有人说它由于颜色和事物所发生的联想。这种解释显然不甚圆满，因为联想随人而异，而颜色的性格则许多人所觉得的都相同。属于“联想类”者常自己觉得某种颜色和某种事物可发生联想，属于“性格类”者并不觉得有这种联想存在。立普斯派学者用“视觉的移情作用”来解释。我们在第三章已见过，“移情作用”以类似联想为基础。象征派文学家常觉得每个字音都有颜色，便是类似联想的好例。例如u的声音常令人联想到深蓝的颜色。声音由听觉得来，颜色由视觉得来，两种经验的内容绝不相同。但是见蓝色和听u音时，两种经验在形式上却有几分类似；它们对于自我所生的影响都是很平静的、严肃的、深长的，所以它们能发生联想。见到红色感到豪爽的性格也由于这种形式上的类似，红色和豪爽人所引起的情感是相同的。见到红色，唤起我的豪爽的情思，我于是本移情作用把豪爽看成颜色的性格。

布洛承认颜色的性格起于移情作用，而却否认它起于类似联想。依他说，在见颜色具有性格时，我们先把物对于我所生的生理的影响移还到物的本身上去，然后再把物理的性质（如温暖、沉重、力量等等）译为心理的性格（如和蔼、豪爽、狡猾等等）。比如大红色本有很强烈的刺激性，受验的如果只觉得这种强烈的刺激因而发生快感或不快感，他就只属于“生理类”。“性格类”由“生理类”再进一步。他把物我的界限忘去，把本来在我的印象混为物的本质，使强烈的刺激经“外射作用”移到颜色本身上去，于是本来在我的强烈刺激的感觉遂变为在颜色的力量。这所谓“力量”还只是一种物理的性质。属“性格类”者又把这种物理的性质译为心理的性格，于是有“活跃”“豪爽”等等感觉。同理，红色本来是“暖”色，“暖”是在我的感觉，我把它移到色的本身上去，于是红色便变为“暖”的东西，次又把这物理的“暖”译为心理的性格，于是红色便“富于同情心”了。照这样看，属“性格类”者感觉颜色时恰能做到我们在第三章所说的“物我的同一”。他以整个的心灵去观照颜色，而却不自觉是在观照颜色，以至于我的情绪和色的姿态融合一气，这是真正的美感经验。所以布洛以为在上述四类人之中，“性格类”最能以美感的态度欣赏颜色。

以上都是个别颜色的研究。艺术作品单用一种颜色的很少。用颜色最多的艺术是图画，图画大半都是把许多颜色配合在一块。配合的次第和美感的关系亦极密切。颜色的配合有一条极重要的原理，就是布洛所说的“重量原理”（Weight-principle）。依这个原理，较深的颜色应该摆在较浅的颜色之下，如果把浅色放在深色之下，我们就觉得上部太沉重，下部基础太轻浮，好像站不稳似的。比如把一丈高的墙壁从中腰平分，用深红和浅红两种包纸来糊它，我们总欢喜把深红糊在浅红之下，如果深红糊在浅红之上，我们就嫌轻重倒置，觉得不爽快。这个重量原理是画家和装饰家所必须注意的。

布洛常用各种颜色的形状来试验颜色的重量原理，比如有两个面积角度都相等的三角形叫做甲和乙（如下图），它们都从中腰平分，然后着两种深浅不同的颜色，使在甲形占上半的浅色在乙形占下半，在甲形下半的深色在乙形占上半。布洛使受验者比较甲乙两形，问他欢喜哪一个，并且叫他说出理由来。他试验过五十人，发现多数人都欢喜甲形而不欢喜乙形。他们大半说甲形比较稳定，乙形上半太沉重，下半太轻浮，令人生首尾倒置的感觉。

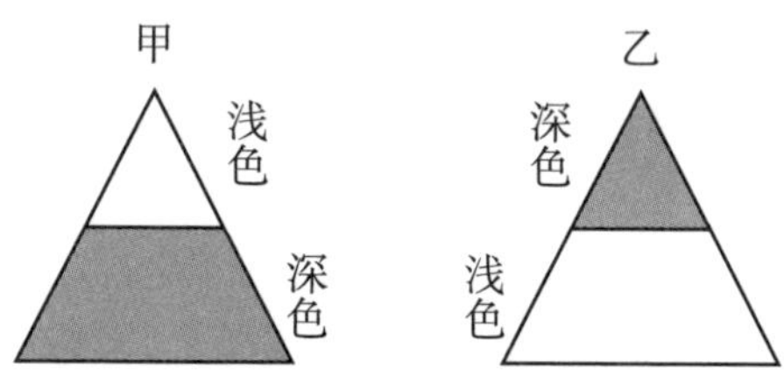

事实是如此，它的理由何在呢？颜色何以使人生重量感觉呢？浅色在深色之下何以看起来不稳定呢？多数受验者对于这种问题都茫然不能作答。有一部分人说它起于联想作用。我们在自然界中常见深色在下，浅色在上，海的颜色通常较深于天的颜色，山脚的颜色通常较深于山顶的颜色。我们对于上浅下深习以为常，猛然间看见习惯的次第颠倒过来，便不免感觉不快。颜色的重量原理即起于此。布洛举出两条理由，证明这种联想说不能成立。第一，在自然界中浅色并不常在深色之上。例如一片金黄色的麦浪和一座葱翠的丛林相邻接，从这一方看，深色固然在浅色之下，可是从反对的方面看，深色却在浅色之上。浅色的墙壁上面盖着深色的屋顶也是很寻常的。第二，从实验的结果看，重量原理和联想原理也常相冲突。例如一个圆形上半着蓝色，下半着青色，常使受验者联想到蔚蓝的天空笼盖着青绿的山水，可是在发生这种联想时他就不觉得颜色有重量，就不觉得它上重下轻。有时同一受验者对于同样的颜色配合可以发生两种不同的反应。他说："如果把它看作一个小坡，我觉得甲形和乙形没有什么分别，可是如果不起联想，只把它当作一种形体看，我却欢喜甲形。"从此可知重量原理和联想原理是不相容的。依布洛的意见，重量原理完全起于数量的比较，与联想作用并无关系。在深红中红的颜料比在浅红中的较多，深红比浅红更红。这种"较多""更红"的感觉就是引起重量感觉的。我们无意中拿"重轻"来翻译"多寡"。

不但深浅两种颜色配合在一块可以见出颜色的重量，就是个别的颜色单独看起来也有轻重的分别。黄色和青色比蓝色和紫色较浅，所以单看起来黄色和青色是轻的，蓝色和紫色是重的，颜色的性格也有时起于重量感觉。金黄色是很轻的，所以看起来像是很灵活快乐；深蓝色是很重的，所以看起来很严肃沉闷。

颜色的配合不仅要顾到上下左右的位置，还要顾到色调的种类。据法国谢弗勒尔（Chevreul）的研究，凡是颜色在独立时看起来是一样，在和其他颜色相配合时又另是一样。换句话说，两种颜色相配合时，它们本来的色调都要经过若干变化。例如红色摆在黄色旁边时，红色便微带紫色，黄色便微带青色。所以有些颜色宜于相配合，有些颜色不宜于相配合。什么颜色才宜于相配合呢？据一般科学家的研究，最宜于的配合的是互为补色的两种颜色，补色（complementary colour）就是两种色光相合即成白色的颜色。红色和青色、蓝色和黄色都是补色。所以绘画着色时，红色和青色宜于摆在一块，红色和黄色不宜于摆在一块。画家往往于青色山水的背景上面加上穿红衫的妇女，就是要使全画的色调带有生气。冬天花瓶里插冬青叶果，叶是青色，果为红色，彼此相得益彰，所以非常雅观。如果只有青叶，或是只有红果，印象便比较呆板。这就是补色相调和的道理。

补色何以能互相调和呢？我们何以欢喜看互为补色的颜色摆在一块呢？据格兰特·亚伦（Grant Allen）的解释，补色的调和起于生理作用。如果我们注视红色物过久至于疲倦时移视白色天花板，则在板上仍能见出原物的"余像"，不过它的颜色由红变而为青。反之，如果我们注视青色物过久至于疲倦时移视白色天花板，则在板上亦仍能见出原物的"余像"，不过它的颜色由青变而为红。这件事实就可以解释补色相调剂的道理。注视红色物过久时，网膜上感受红色的神经就要疲倦，但是周围感受青色的神经仍未使用，仍甚灵活，所以移视天花板时，感受红色的神经因疲倦而休息，而感受青色（红色的补色）的神经则继之活动，所以原物的"余像"为青色。换句话说，青色可以救济感受红色神经的疲倦，红色也可以救济感受青色神经的疲倦。因此，任何两种补色摆在一块时，视神经可以受最大量的刺激而生极小量的疲倦，所以补色的配合容易引起快感。

第二章　形体美

一、严格地说，凡是美的事物都必具有一种形体。图画、雕刻、人物、风景，固不用说，就是音乐的节奏也可以说是形体的变象，所不同者形体是空间上的配合，节奏是时间上的配合而已。形体的单位为线。线虽单纯，也可以分别美丑，在艺术上的位置极为重要。建筑风格的变化就是以线为中心。希腊式建筑多用直线，罗马式建筑多用弧线，“哥特式”建筑多用相交成尖角的斜线，这是最显著的例。同是一样线形，粗细、长短、曲直不同，所生的情感也就因之而异。据画家霍加斯（Hogarth）的意见，线中最美的是有波纹的曲线。近代实验虽没有完全证实这个说法，曲线比较能引起快感，是大多数人所公认的。

同是单纯的线，何以有些能引起快感，有些不能引起快感呢？最普通的解释是筋肉感觉说。依这一说，眼球在看曲线时比较看直线不费力，所以曲线的筋肉感觉比较直线的筋肉感觉为舒畅。如果这一说可靠，则形体美的欣赏完全是感官的快感。但是斯特拉顿（Stratton）和瓦伦汀（Valentine）都反对这一说。他们举了三个反证。第一，我们寻常对于眼球运动并不能意识到。比如深夜里有一微光射在墙壁上，光虽然是固定的，我们看来却常觉它移动，这就由于我们把自己没有意识到的眼球运动误认为光的运动。如果我们对于眼球筋肉的一动一静都能意识到，就不会发生这种错觉。第二，我们把眼睛闭起，随意转动眼球，无论转得如何轻便，我们也决不能得到欣赏美线形的快感。这也可以证明筋肉感觉和美感是两件事。第三，斯特拉顿曾用照相机摄取眼球在看曲线的运动路径，发现它并不循曲线运动的轨道（如第一图），而是跳来跳去，忽断忽续，忽曲忽直，结果有如第二图。第一图是所看的曲线，它是很秀美的；第二图是看这条曲线时眼球运动所成的线形，它是很零乱的。如果所看的曲线如第三图，则眼球运动所成的线形如第四图。第三图曲线颇陋劣，与第一图曲线相差颇远，但是第四图的线形和第二图的线形却没有多大分别。这些事实都足证明筋肉感觉说不能解释从美线形所得的快感。纵或筋肉感觉是这种快感的一种助力，却不能成为主因。

（一）（二）

（三）（四）

然则单纯的线形所引起的快感和不快感究应如何解释呢？它的原因是很复杂的。

第一，它是节省注意的结果。有规律的线比杂乱无章的线容易了解，所耗费的注意力较少，所以比较能引起快感。有规律的线是首尾一致的。看到它的首部如此，我们便预期它的尾部也是如此，后来看到它的尾部果然如此，恰中了我们的预期，注意力不须改变方向，所以不知不觉地感到快感。丑陋的线没有规律，我们看到某一部分时，不能预期其他部分应该如何，各部分无意义地凑合在一起，彼此并没有必然的关联，我们预期如此，而结果却如彼。注意力常须改变方向，所以不免失望。这个道理可以拿第五、第六两图来说明。

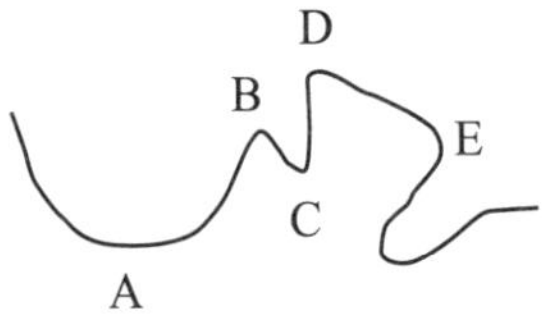

（五）

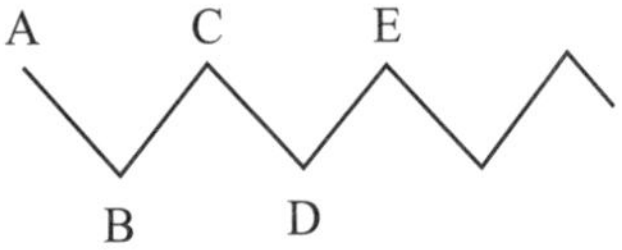

（六）

第五图是不能引起快感的，它起首是弧线，是有规律的。我们看到A部时自然预期它以后还是照这个规律进行，可是它到B、C、D、E各部屡改方向，与预期恰相反，所以引起不快的感觉。不过规律和变化并不是相妨的。浪费心力固然容易引起厌倦，心力无所活动仍是不免厌倦。所以规律之中寓变化，变化之中有规律，是艺术上一条基本原理。比如第六图就是

在制图案时所常用的线形。它从A起到B止，是守直线的规律的，由B点它忽然离开这个规律，转走另一方向，这是和预期相反，不免惹起若干惊异。不过它到了C点随即取A—B的方向和长度走到D，心力也因之由活动而恢复平衡。这样寓变化于规律时，变化的结果不是失望，不是挫折注意力，而是打消单调，提醒注意力。

第二，线形所生的快感有时由于暗示的影响。我们欢喜秀美的线纹而不欢喜拙劣的线纹，因为秀美的线纹所表现的是自然灵活的运动，拙劣的线纹所表现的是不受意志支配而时遭挫折的运动。比如乘脚踏车或划船，在初学时都不免转动不如人意，本来可以走直路，因为手脚不灵活，往往不免东歪西倒；但是练习既久，手腕娴熟之后，便可驾轻就熟、纵横如意了。生活中一切活动都可以作如是观。有时环境如炼钢，可以在指头回绕；有时能力不可应付环境，一举一动都不免流露丑拙。我们看到秀美的线觉得快意，就因为它提醒我们的驾轻就熟、纵横自如的感觉；看到拙劣的线觉得不快，就因为它提醒我们的东歪西倒、一无是处的感觉。这都由于潜意识的暗示作用。

第三，我们已经说过，知觉事物常伴着模仿该事物的运动，看线形也是如此。例如看曲线时筋肉就不知不觉地模仿曲线运动，看直线时筋肉就不知不觉地模仿直线运动。筋肉运动有难易，所生的情感即随此为转移；易则生快感，难则生不快感。例如第七图A和B同是斜线，而多数人却觉得A比B较易生快感；C和D同是曲线，而多数人也觉得C比D较易生快感。这就因为它们有顺反的分别，筋肉因为习惯的关系，描画A和C比描画B和D较顺便。

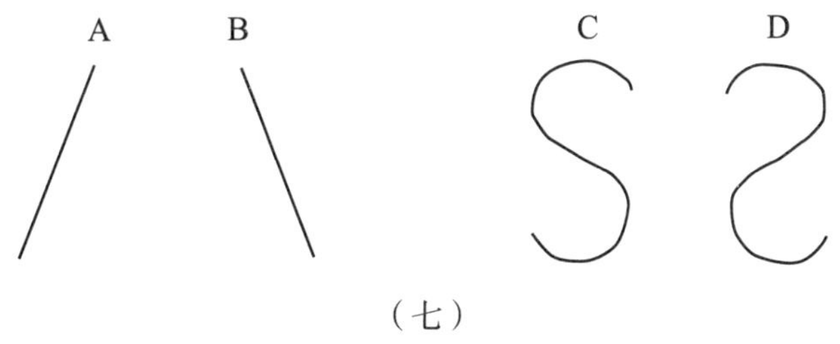

（七）

不过据马丁（J. Martin）的实验，模仿动作对于线形所生的情感究竟能影响到如何程度，还是一个疑问。她曾叫一百个学生画侧面人形，结果有八十八个学生都把面孔画得向左。原始民族的画像也大半是面孔朝左。我们就可以根据这些事实断定朝左的画易起快感么？她又常拿作幻灯影片的侧面像叫五十个学生看，先使它们向左，后又把它翻转过来向右，问他们最欢喜哪一种，结果有二十五人欢喜朝左的，十五人欢喜朝右的，余十人不觉到分别。她检查过五十三册名画集，发现朝左的像和朝右的像在数目上相差并不甚远。照这样看，模仿动作虽有影响也很微细，它可以作助力，不可以作主因。

第四，我们虽不赞成旧心理学家以联想作用解释一切美感经验，但是却不否认联想可以影响美感。在看线形时，联想作用常是一个要素。据塞格尔（J. Segal）的实验，同是一个线形让同一个人去看，所生的联想不同，所生的情感也就随之而异。例如第七图斜直线A或B，在把它看作画歪了的垂直线时，受验者觉到不快感；在把它看作向上斜飞的箭头时，他就觉到快感。这里显然可以见出联想的影响了。

第五，立普斯所说的“移情作用”对于线形所生的情感影响也颇大。我们往往把意想的活动移到线形身上去，好像线形自己在活动一样，于是线形可以具有人的姿态和性格。例如直线挺拔端正如伟丈夫，曲线柔媚窈窕如美女。中国讲究书法者在一点一划之中都要见出姿韵和魄力，也是移情作用的结果。我们见到柳公权的字，心中就浮起一种劲拔的意象，见到赵孟頫的字，心中就浮起一种秀媚的意象。这个意象本在我的心里，我却把它移到笔划本身上去。移情作用是美感经验的要素，凡是线形可以引起移情作用，大半都可以引起几分美感。

二、以上都是说简单的线形。一条简单的线所引起的情感，其原因已如此复杂，联合数线而围成一空间，其美感的因素自然更难分析了。美的形体无论如何复杂，大概都含有一个基本原则，就是平衡（balance）或匀称（symmetry），这在自然中已可见出。比如说人体，手足耳目都是左右相对称的，鼻和口都只有一个，所以居中不偏。原始时代所用的器皿和布帛的图案往往把人物的本来面目勉强改变过，使它们合于平衡原则。我们看下列第八图几个拟物形的图案就知道：

（八）原始陶器的图案

此外如希腊瓶以及中国彝鼎都是最能表现平衡原则的。在雕刻、图画、建筑和装饰的艺术中，平衡原则都非常重要。

我们何以欢喜平衡、匀称的图形呢？有一派学者以为它像简单的线形一样，也应该拿筋肉感觉来解释。我们看匀称的形体时，两眼筋肉的运动也是匀称的，没有某一方特别多费力，所以我们觉得愉快。这一说也被斯特拉顿辩驳过。据他用快镜摄影的结果，眼睛看匀称形体时所走的路径并不是匀称的。例如下列第九图是眼睛看第十图瓶形时运动的路径，在第九图中看不出第十图的平衡原则，是很显然的。

有一派学者以为我们欢喜匀称，由于在潜意识中见出它的效理的关系。这个学说发源于古希腊数学家毕达哥拉斯，在美学思想上影响颇大。实验美学发源于斐西洛，斐西洛的实验就是从研究形体的数量关系入手。在各种形体中我们所最欢喜的是长方形，所以窗、门、书籍等等都是长方形。长方形的两边的长短也各各不同，究竟长边和短边成什么比例才能引起美感呢？

从达·芬奇起，历来画家都以为在最美的长方形中，短边和长边的比例须与长边和长短两边之和的比例相等，这就是说，短边和长边须成1∶1.618或5∶8（如第十一图）。他们把这种比例叫做“黄金分割”（golden section）。斐西洛用白纸板剪成十个面积相同（64cm²）而两边长短有变化的方形（如第十二图），把它们摆在黑板上面，次序是随意定的，每试验一次，次序即更换一次，使形体和部位的影响消去。他

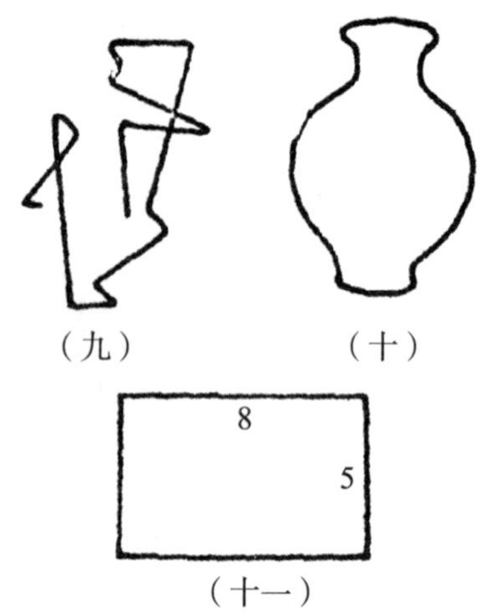

（九）（十）
（十一）

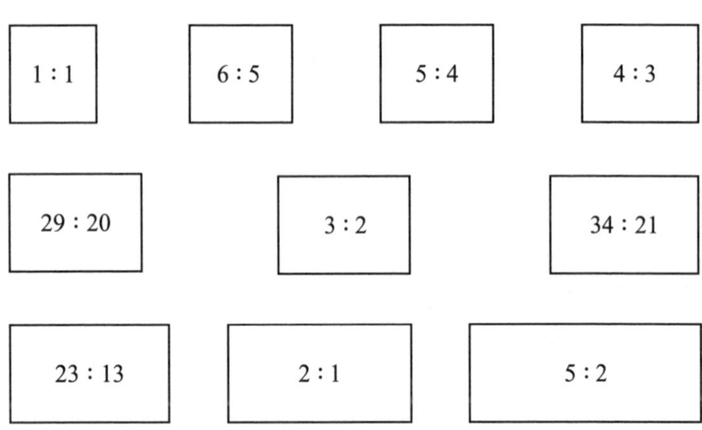

（十二）裴西洛的方形试验（原形五分之一）

叫受验者在它们之中选择一个最美的和一个最丑的出来。每一次选择算一分。如果受验者同时选择两个形状，则每个形状得半分，同时选择三个形状，则每个形状得三分之一分，余类推。他费了许多年的精力，总共试验男子二百二十八人，女子一百一十九人，结果如下表：

长短两边比例	（最美）选取的数目		（最丑）选取的数目		选取数目的百分比	
	男	女	男	女	男	女
1：1	6.25	4.0	36.37	31.5	2.74	3.36
6：5	0.5	0.33	28.8	19.5	0.22	0.27
5：4	7.0	0.0	14.5	8.5	3.07	0.00
4：3	4.5	4.0	5.0	1.0	1.97	3.36
29：20	13.33	13.5	2.0	1.0	5.85	11.35
3：2	50.91	20.5	1.0	0.0	22.33	17.22
34：21*	78.66	42.65	0.0	0.0	34.50	35.83
23：13	49.33	20.21	1.0	1.0	21.54	16.99
2：1	14.25	11.83	3.83	2.25	6.25	9.94
5：2	3.25	2.0	57.21	30.25	1.43	1.68
总数	228.00	119.00	150.00	95.00	100.00	100.00

从这个结果看，多数人欢喜长短两边成34：21比例的长方形（表中用*符号标出的），这恰是“黄金分割”的比例。斐西洛以后，韦特默（Witmer）、安基耶（Angier）、拉罗（Lalo）诸人依法实验，所得的结果大致相同。

多数人何以特别欢喜“黄金分割”呢？有一派学者说，我们欢喜两边含“黄金分割”的长方形，并非欢喜这形体本身而是欢喜它所含的数学的比例，我们在潜意识中把它的长短两边相加起来，和长边比较，见出长短两边之和与长边的比例，与长边与短边的比例适相等。这种条理、秩序的发现就是快感的来源。他们以为听音乐所得的快感也是如此。我们在潜意识中比较音波的震动数，发现它们的数量的比例，所以觉得高兴。这种学说显然是很牵强的。同是一个比例在形体中为美而在音乐中却不一定为美。比如有两个音，一个震动数为一百二十八次，一个震动数为二百零七次。这个比例很近于“黄金分割”，而它们在一块却不和谐。这件简单的事实即足推翻数理说了。

依我们看，“黄金分割”是最美的形体，因为它能表现“寓变化于整齐”这个基本原则。太整齐的形体往往流于呆板单调，变化太多的形体又往往流于散漫杂乱。整齐所以见纪律，变化所以激起新奇的兴趣，二者须能互相调和。“黄金分割”一方面是整齐的，因为两对边是相等的；一方面它又有变化，因为相邻两边有长短的分别。长边比短边较长的形体很多，而“黄金分割”的长边却恰长到好处，无太过不及的毛病，所以最能引起美感。它是有纪律的，所以注意力不浪费；同时它又有变化，所以兴趣不致停滞。

三、代替的平衡。平衡的形体易引起美感，已如上述；但是有时不平衡的形体也很美观。在第一流的图画、雕刻之中，真正左右平衡、不偏不倚的居极少数。不但如此，真正左右平衡、不偏不倚的作品往往呆板无生气。然则平衡原则不是不可靠么？依美国文艺心理学家帕弗尔（Puffer）的研究，凡是貌似不平衡的第一流作品其实都藏有平衡原则在里面。她把这种隐含的平衡叫做“代替的平衡”（substituted symmetry）。“代替的平衡”在图画上极为重要，现在我们来详加解释。

我们先说帕弗尔的实验。她用一块蒙着黑布的长方形木板摆在受验者的面前。板的左边钉上一个长八厘米、宽一厘米的固定的白纸板。右边另有一个长十六厘米、宽一厘米的可移动的白纸板。受验者须将可移动的白纸板摆得和固定的纸板相平行。远近由他自己定夺，但是要使两个纸板所成的形体最美观。以后她又把长纸板改为固定的，使受验者依同法把短纸板摆在最美观的位置。她试验过许多人，发现他们大半把长纸板摆得离中央较近，短纸板摆得离中央较远，有如第十三图——这种摆法便含有代替的平衡。好比一条长板，中心安在一个石凳上面，左右恰相平衡，如果它一头坐着一个小孩，另一头坐着一个大汉子，大汉子须坐在离中心较近的位置，小孩须坐在离中心较远的位置，木板才能保持原有的平衡。因

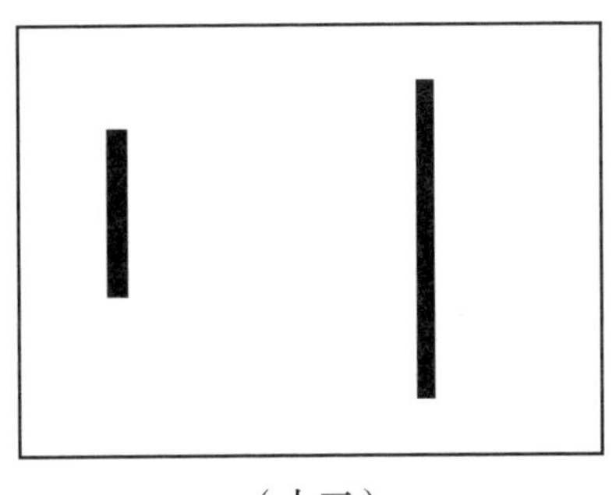

（十三）

此，帕弗尔把长板叫做重线，短板叫做轻线。就表面说，长线和短线离中心的距离不等，不能算是平衡，但是根据机械的平衡原则，轻物本来比重物离中心须较远才能保持平衡，所以长线比短线摆得离中心较近，实在还是遵守平衡原则的。

如果不用纸板，一边用简单的画片，一边用面积相等的白纸，则大多数人把画片摆得比白纸离中心较近；如果两边都用画片，只是画中情景有简繁的分别，则大多数人也把较繁的画片摆得比较简的画片离中心较近。这都由于简单的东西较轻，繁复的东西较重。用两件东西摆在一个固定的平面之上，如果要把它们摆得美观，轻的东西须离中心较远，重的东西须离中心较近。这就是“代替的平衡”的原则。

但是这个轻重标准是如何规定的呢？我们何以把长线叫做重，短线叫做轻，繁复的画叫做重，简单的画叫做轻呢？我们何以看到这种轻重远近相称的布置就觉得愉快呢？帕弗尔的解释以谷鲁斯的“内模仿说”为根据。依她看，美感的愉快都起于“同情的模仿”。我们看形体，常不知不觉地依本能的冲动去描摹它的轮廓，冲动起于动作神经，传布于筋肉，筋肉系统和神经系统都是左右对称的。平衡的形体所唤起的左右两边的冲动也是相称的，神经和筋肉的活动都依天然的节奏，所以最能引起愉快，几何的平衡之心理的解释如此。

冲动的平衡就是左右筋肉动作的平衡，也就是注意力的平衡。要达到注意力的平衡，形体的左右两方大小远近都相等，固然是一个办法，但是大而近，小而远，也是一个办法。较大的东西、较繁的东西或是较有趣味的东西（总而言之，较“重”的东西），比较小的东西、较简的东西或是较乏味的东西（总而言之，较“轻”的东西）都较易引起注意力。如果较轻的东西和较重的东西距离中心都相等，则注意力全在较重的东西上面，结果就是心理上的不平衡了。如果要使轻的东西所引起的注意力和较重的东西所引起的注意力恰相平衡，则较轻的东西一定须摆在离中心较远的地位，因为距离中心愈远，所需的注意力也愈大。总而言之，近而重的东西所引起的注意力是自然的，远而轻的东西所引起的注意力是勉强的，这两种注意力质不同而量则相等，所以彼此能相平衡。再拿前面近的画片和远的白纸为例，眼睛看近的画片，自然能产生注意力，因为它本身有趣味；白纸平滑单调，不能引起自然的注意，所以须摆远一点；距离既隔得较远，眼睛看它时眼球的筋肉必须经过一番转动，所以它所唤起的注意力能够与画片所引起的注意力相平衡。

代替的平衡在图画中极为重要。帕弗尔曾经研究过一千幅名画，发现每幅画后面都含有代替平衡的原则。各种图画之中大概都有五个要素。一为体积（mass），指画中人物所集中的地方，即着墨最多的一部分。二为情趣（interest），即观者注意力所最易集中的地方，例如人物的动作。三为注意的方向（direction of attention），指画中人物注意所指的方向，大半表现于视线。四为线的方向（direction of line），画中线纹大半是倾斜的，它向某一方倾斜，线的方向就集中在那一方。五为远景（vista），指距离较远的背景。如果在画的中央定一条想象的垂直平分线，则这五种要素常平均分布左右两方，使所引起的注意力左右平衡。例如人事画中体积偏左者则注意的方向往往偏右，风景画中体积偏左者则远景往往偏右，以求左右两方无畸轻畸重的毛病，这就是用代替的平衡。

第三章　声音美

一、英国文艺批评学者佩特（W. Pater）说过，一切艺术到精微境界都求逼近音乐；因为艺术须能泯灭实质与形式的分别，而达到这种天衣无缝的境界的只有音乐。这个道理是一般美学家所公认的。叔本华把音乐认为最高的艺术，因为其他艺术只能表现意象世界，而音乐则为意志的外射。图画所不能描绘的，语言所不能传达的，音乐往往能曲尽其蕴。它的节奏的起伏，音调的洪纤，往往恰合人心的精微的变化。个人的性格、民族的特征以及时代的精神都可以从音乐中窥出。中国古时掌政教的人往往于音乐歌谣中观民风国俗，就是这个道理。音乐不但最能表现心灵，它也最能感动心灵。其他艺术感动人心常不免先假道于理智，有了解然后有欣赏，音乐固然也含有理智的成分，但是到极精微的境界，它能直接引起心弦的共鸣。能受音乐感动的人不必明白音乐的技巧。音乐所表现的往往是超乎理智所能分析的。在诸艺术之中，音乐大概是最原始的，不但蒙昧民族已能欣赏音乐，即飞禽走兽也有音乐的嗜好。瓠巴鼓瑟，游鱼出听，这并不是不近情理的传说。

但是音乐也是最难的艺术。它的感动人心的力量大多数人都能体验到；可是如果问它何以有这么大的力量，精确的答案却不易寻出。一曲乐调奏完时，满场人都表示满意，可是满意的理由彼此却不一致。这个人说它唤起许多良辰美景的联想，那个人说它引起柔和悱恻的情感，另一个人则夸奖它的抑扬开合布置得很周密、很完美。各人所见到的美不同，于是音乐的美究竟何在，遂成为美学上的最大疑问。历来美学家对于音乐有两种不同的意见：表现派说，音乐之所以美者在能表现情感和思想；形式派说，音乐之所以美者在它的本身形式之完备，情感和思想是偶然的、不必要的。要了解音乐，第一关就要了解这个争执的意义。我们姑且慢些讲学理，先来研究近代实验美学对于音乐所研究得来的证据。

二、近代实验美学所最注意的就是音乐，所以对于音乐研究的成绩之丰富远过于其他艺术。关于音乐的实验材料可区分为四大类：（一）关于听音乐者的反应的分别；（二）关于音乐与想象的关系；（三）关于音乐与情感的关系；（四）关于音乐与生理的关系。

关于听音乐者的类别，英国剑桥大学教授马尧斯（C.S. Myers）的工作最值得注意。在前章讨论颜色美时，我们见过布洛的实验，知道在颜色方面，审美者有四类的分别。据马尧斯的实验，听音乐者也可以分为同样的四类。他选出六种名曲的留声机片在受验者的背后开放。每张片子都须听过两次。受验者于听完第一次之后把音乐所引起的感想说出。第二次开放时留声机上附加一种机器，如果受验者觉得某一段没有听清须再听时，可以把该段重新开放一次。这次他须用速记法把心中感想仔细记下。从十五个受验者内省所得的报告中，马尧斯分析出下列四类。（一）主观类，即布洛所说的生理类。这一类人专注重音乐对于感觉情绪和意志的影响。他们在报告里说："通篇都是一种很平静的感觉，好像游水似的，我仿佛想倒卧下来，顺着水流去。""仿佛是临死时的情境，我觉得生命向外流出。""感到非常愉快，身体内部随音乐扩张起来了，因此很兴奋，呼吸忽然也停住了。"（二）联想类，这一类人专注意到音乐所引起的联想。音乐的美丑以联想起来的事物愉快与否为断。他们在报告里说："我仿佛坐在皇后的大厅里。一位穿红衣的女子在拉提琴，另外一位女子在对着琴谱唱歌。那位拉琴者面容很凄惨，她生平一定有什么失意的事。""开场时满台都是人，显出一种很辉煌喧扰的样子。他们都穿着戏装。后来一位歌者从室内走到台右，说了一段很生动的恋爱故事。"（三）客观类，这一类人专拿一种客观的标准来批评音乐本身的技巧。他们在报告里说："我觉得第二号角的声音太洪亮。到第三节有四弦琴时它又嫌不够清朗。""在贝多芬的作品中我们应该注意他的极大的反称，尤其是有动性的反称。他的'上升调'是我最爱听的。""这位提琴手用颤声总是太过火。"（四）

性格类，这一类人把音乐加以拟人化，乐调都各有各的性格，有些是快乐的，有些是悲惨的，有些是神秘的。他们在报告里说：“它本想显出高兴的样子，但是终于很悲惨。”“有些部分带着悔悼的声调。”“它好像在惹我笑。”

这四类人的美感的程度，依马尧斯看，以性格类为最高，次为客观类及联想类，主观类最低。音乐专家大半属于客观类，这是由于训练的影响，他们平时注意偏向技艺方面，于是把情感和联想都压抑下去了。他们的态度是批评的而不是欣赏的。一般人能听音乐大半只注意它所引起的联想。注意力集中于联想事物时就不免忽略音乐本身，所以联想所生的快感往往不一定是美感。但是联想有偶然的，有与音乐性质有密切关系的。如果联想起的情境与音乐能化成一气，契合无间，它就能增大音乐所引起的美感了。主观类的毛病，在只注意到自己所受的音乐影响，而致忽略音乐本身的形式。这种态度不是欣赏的，因为他没有在艺术和实际人生中维持一种适当的距离。性格类的审美程度比其他三类都较高，因为他们一方面没有联想类和主观类忽略音乐本身的毛病，同时又不像客观类因过重音乐形式而不能发生情感的共鸣。只有性格类才能达到美感经验中物我同一的境界。

美国美学家浮龙·李（Vernon Lee）曾举行过类似的实验，不过她的目的和方法都比较简单，她先假定听音乐的经验不外两种，一种是只顾到音乐本身，一种是顾到音乐所联带的意义。她请受验者自省属于哪一类，她以为我们只要知道听者的心理变化如何，便可以研究音乐的性质。因此她向受验者问道：“音乐使你感到趣味时，你觉得它本身以外另有一种意义呢，还是觉得音乐只是音乐，别无所有呢？”据她的报告，肯定的答案和否定的答案各居半数。肯定音乐别有意义的人们所谓“意义”大半是很模糊隐约的，只有少数人在音乐背面见出整幅的情景或是整篇的故事。否定音乐别有意义的人们大半只留意形式的配合如起承转合、抑扬顿挫等等。欣赏力较大的人们大半都否定音乐于本身以外别有意义。这是一件最可注意的事实。

三、多数人虽然对于音乐为门外汉，不能得到音乐所应给的特殊美感，却真能嗜好音乐。他们所玩味不舍的并不是音乐本身而是音乐所引起的幻想。他们常常把音乐的节奏翻译成很生动的情节或是很鲜明的图画。诗人尤其易犯这种毛病。意大利戏剧家阿尔菲耶里（Alfieri）尝说他的作品大半是在听音乐之后结构成的。歌德听门德尔松（Mendelssohn）弹奏一曲巴赫（Bach）作品之后，惊赞道：“这真是堂皇典丽！我仿佛见到一队衣裳齐楚的豪贵人踏大步下一个巨大的台阶。”海涅（Heine）在《翡冷翠的一夜》一篇散文里描写他在意大利听音乐的经验，尤其是一幅光怪陆离的图画。李东川的《琴歌》《听董大弹胡笳》《听安乐善吹觱篥》几首七古都是中国描写音乐的名作。其中警句如“月照城头乌半飞”“长风吹林雨堕瓦”“黄云萧条白日暗”等等都只是描写音乐所唤起的联想。白香山的《琵琶行》中“大珠小珠落玉盘”“铁骑突出刀枪鸣”诸句也是如此。

这一类的人大半以为玩味音乐所引起的意象就是欣赏音乐。法国小说家司汤达（Stendhal）甚至于说：“一切叫我注意到它本身的音乐在我看都是下乘。”从上面马尧斯和浮龙·李的实验看，我们可以知道这句话恰和事实相反。法国心理学家里波（Ribot）的实验尤足证明玩味意象和欣赏音乐是两回事。他问过许多人在听音乐时或是回忆某乐调时心中是否现出关于视觉的意象。他把表戏情的音乐特别除开。结果他发现听音乐的人可分两类。一类是有音乐修养的，音乐对于他们很少能引起意象。他们说：“我绝对意想不到什么视觉的印象；我浑身被音乐的快感占着；我完全在听觉世界里过活。我根据自己的音乐知识去分析各部分的呼应，但也不过于仔细推敲。我只留心乐调的发展。”一类是没有音乐修养而欣赏力平凡的。他们在听音乐时常发生很鲜明的视觉的意象，因为玩味意象，他们的注意于是不能集中于音乐。里波以为想象本有两种，一种是“造形的”（plastique），一种是“流散的”（diffluent）。“造形的想象”以知觉为中心，宜于图画。因为它能产生极明确的意象；“流散的想象”以情感为中心，宜于音乐，因为它所产生的意象虽极模糊而却常深邃微妙。古典派、“帕尔纳斯派”（Parnasse）和写实派重客观的艺术家大半富于“造形的想象”，浪漫派、象征派和印象派重主观的艺术家大半富于“流散的想象”。这两种想象常格格不入。想象属于造形类者欢喜把迷茫隐约的东西变成固定清晰的，所以在听音乐时常把耳所闻者译为目所能见的图画。音乐家在作乐制谱时心理过程恰与此相反。人事和物态本来是很固定明晰的，印入音乐家心里之后，便酝酿成一种不易描绘的情调，这种情调译为音乐的语言，便成乐谱。

四、音乐与幻想的关系是很值得研究的。同是一曲乐调，甲听之起一种幻想，乙听之又另起一种幻想。然则音乐和它所引起的意象之中是否毫无关联呢？据英人盖尔尼（Gurney）的研究，凡一种乐调唤起某事物的意象时，它的节奏大半和事物的动作有直接类似点。描写类音乐大半如此。瓦格纳取鸟语入乐曲，肖邦取急雨堕瓦声入乐曲，都是著例。有时音乐虽不直接模仿事物的音调，却可从节奏起伏上暗示事物的性质和动作。例如飘荡幽婉的舞曲常暗示仙女，沉重低缓的舞曲常暗示巨人。普赛尔（Purcell）用下降调暗示特洛伊城（Troy）的衰落，也是以节奏象征动作。乐曲的命名也是唤起联想的一个主因。例如以溪流、瀑布、铃声、驰马、荡舟为名的音乐自然容易唤起这些事物的意象。以晚景、月夜、靖景为名的音乐自然容易唤起这些时候所常有的情调。

如果一曲乐调不是完全模仿外物声音的，又没有固定的名称暗示联想的方向，则听者所生的意象必人人不同。美国梵斯华兹（Farnsworth）和贝蒙（Bemont）两教授常叫一班学图画的学生听两曲性质不同的乐调，每次都随时把音乐所引起的意象画在纸上。乐调和作者的名称都不让学生们知道。拿这些图画来比较，各人所起的意象彼此很少类似点。但是有一点是很值得注意的，在听同一乐调时所作的图画其中情景虽各各不同，而情调和空气则很相近。乐调凄惨时各图画的空气都很黯淡，乐调喜悦时各图画的情调都很生动。从这个事实看，我们可以见出音乐虽不能唤起一种固定意象，却可以引起一种固定的情调。同样的乐调常发生同样的情调，不过各人由这情调所生的意象则随性格和经验而异。据弗洛伊德派心理学者说，幻想都是意识欲望的涌现，所以幻想中的意象都象征情欲中一种倾向。照这样说，音乐激动意识时，被压抑的欲望化装涌现，于是才有意象。化装尽管不同，而化装所掩盖的欲望，则为原始的、普遍的。

五、与音乐所引起意象这件事实密切相关的还有一个很奇怪的现象，就是“着色的听觉”（colour hearing）。有一部分人每逢听到一种音调常立刻联想起一种颜色，同是一个音调而各听者所联想起的色觉往往不一致。据奥特曼（Ortman）的实验，有些人听高音生白色的感觉，中音生灰色的感觉，低音生黑色的感觉。有些人从低音到高音顺次生黑、棕、紫、红、橙、黄、白诸色觉。据德拉库瓦（Delacroix）教授的报告，他曾见过一位瑞士学生每逢听提琴的声音，都仿佛见到一条波动的黑色蓝边的长带，嗅玫瑰花的香气时也起同样的幻觉。他所欢喜的东西都带着蓝色。例如他第一次看见《密罗斯爱神》的雕像，和听柴可夫斯基的悲歌时，他眼里都看到蓝色。此外他又遇见一个受验者听到瓦格纳的《歌师曲》的引子时发生黑色、红色和金黄色的幻觉。据说瓦格纳《歌师曲》的引子是在莱茵河上观日落之后得到灵感而谱成的，可见听者所起的金黄色的幻觉并非偶然了。这种“着色的听觉”现象的原因何在，学者还没有定论。有一派人以为它是生理的，他们说，听觉神经和视觉神经混合才呈这种现象，不过这还是揣摩之词。法国象征派诗人尝根据这种现象发挥为“感通说”（correspondance）。依他们看，自然界中声色形象虽似各不相谋，其实是遥相呼应的，由视觉得来的印象往往可以和听觉得来的印象相感通，所以某一种颜色可以象征某一种形象或是某一种音调。兰波（A. Rimbaud）尝做一首十四行诗拿颜色来形容A、E、I、O、U五个母音，就是象征派的一种信条。

六、近代实验美学对于音乐与情绪的关系所得的成绩，比音乐和想象的研究尤其丰富。音乐对于情绪的影响是古今中外诗人们所常歌咏的。不但在人类，连动物也有音乐的嗜好。瓠巴鼓瑟，游鱼出听，这种传说在一般人看来或近于荒唐，但是据美国音乐心理学者休恩（Schoen）所援引的实例，它却有很多的实验证据。他们在动物园里奏提琴，同时观察各动物的反应，曾记载下来这样的结果：蝎舞动，随音调的扬抑而异其兴奋程度；蟒蛇昂首静听，随音乐的节奏左右摇摆；熊兀立静听；狼则恐惧号啼；象常喘气表示愤怒；牛则增加乳量；猴子点头作势。从这些实例看，我们可以知道音乐的感动力是极原始极普遍的。达尔文以为音乐的起源在异性的引诱，所以在动物中以雄的声音为最洪亮最和谐，弗洛伊德派学说颇近于此。

音乐所引起的情绪随乐调而异，每个乐调都各表现一种特殊的情绪。这种事实古希腊人即已注意到。他们分析当时所流行的七种乐调，以为E调安定，D调热烈，C调和蔼，B调哀怨，A调发扬，G调浮躁，F调淫荡。亚里士多德最推重C调，因为它最宜于陶冶青年。英人鲍威尔（E. Power）曾作同样的研究，以为近代音乐所用的各种乐调在情绪上所生的影响如下：

C大调　纯粹坚决的情调，纯洁，果断，沉毅，宗教热。

G大调　真挚的信仰，平静的爱情，田园风味，带有若干谐趣，为少年所最爱听。

G小调　有时忧愁，有时欣喜。

A大调　自信，希望，和悦，最能表现真挚的情感。

A小调　女子的柔情，北欧民族的伤感和虔敬心。

B大调　用时甚少，极嘹亮，表现勇敢、豪爽、骄傲。

B小调　调甚悲哀，表现恬静的期望。

升F大调　极嘹亮，柔和，丰富。

升F小调　阴沉，神秘，热情。

降A大调　梦境的情感。

F大调　和悦，微带悔悼，宜于表现宗教的情感。

F小调　悲愁。

两音合奏时，其和谐程度视音阶距离的远近为准。通常以八阶（即C′—C″）为最和谐，二阶（即C′—D′）为最嘈杂。每个音阶也各表现一种特别的性格与情感。据休恩所引意大利学者的报告，音阶和它的影响如下：

短二阶　悲伤，痛悼，退让，焦躁，疑虑。

长二阶　较短二阶稍愉快，仍带严肃气。

短三阶　悲伤，愁苦，骚动，有人以为它表示平静、满意及宗教热。

长三阶　欣喜，颜色，勇敢，果决，自信，发扬。

四阶　满足，欣喜，颜色，力量，发扬，间带伤感。

五阶　反应甚多，通常为平静、欣喜，间带伤感。

六阶　和悦，力量，勇敢，胜利。

短六阶　通常是静穆。

长六阶　通常表示满意、柔情、希望，间带伤感。

七阶　骚动，不满意，惊讶，幻觉。

短七阶　不和谐，疑虑。

长七阶　不和谐，疑虑，间或表示希望、信仰。

八阶　完美，成就，间或表现招邀、焦躁或哀悼。

从这个表看，音阶虽各有特殊的影响，而却没有定准。二阶、七阶本来是两种嘈杂的音阶（dissonances），所以影响很明白，其余如五阶、四阶、长三阶等所生的影响并不确定。音乐的影响应从整个乐调研究。如果单研究独立的音阶，则所得结论不能适用于全体乐调。独立的音阶是不能成为乐调的，和其他音阶并用时，则受其他音阶的影响，不能保存其在独立时的特性。所以上面所述的结果在科学上价值甚小。

七、在听音乐时各人所注意的要素往往不同，有人偏重节奏，有人偏重布局，有人偏重音色，有人偏重其他要素。音乐家作曲对于这些要素也往往有所偏好。美国心理学家华希邦（M.F. Washburn）和狄金生（G.L. Dickinson）尝把音乐快感的来源分为节奏（rhythm）、旋律（melody）、布局（design）、谐声（harmony）及音色（tone colour）五种。她们用一百八十二种名曲测验许多学音乐的学生。发现这五种要素之中以旋律为最重要，依次而降为节奏、谐声、布局、音色。旋律在一般音乐家中都占第一位，只是在韩德尔（Handel）、勃拉姆斯（Brahms）、德彪西（Debussy）诸人作品中才占第二位。节奏在勃拉姆斯的作品中占第一位，在海顿（Haydn）、贝多芬、舒曼、肖邦、门德尔松诸人作品中占第二位，在巴赫、莫扎特、瓦格纳、李斯特、德彪西诸人作品中占第三位。布局没有音乐家把它摆在第一位的，它在巴赫和莫扎特的作品中占第二位，在韩德尔、海顿、贝多芬诸人作品中占第三位。谐声只在德彪西的作品中占第一位，在瓦格纳的作品中占第二位，在舒曼、肖邦、门德尔松、李斯特、勃拉姆斯诸人作品中占第三位。音色只在韩德尔的作品中占第一位，其余音乐家都把它放在第三、四位以下。从这个实验中她们又另外推出两个结论：一是含快感来源（即指以上五种）愈多的音乐，所引起的快感也愈大；二是最兴奋和最平和的音乐发生最大快感，中平的音乐影响最小。

八、关于音乐与情绪的实验要推美国宾汉（W.V. Bingham）、休恩（M. Schoell）诸人所做的规模为最大。他们用二百九十种名曲留声机片，在三年之中（一九二〇年至一九二三年）先后测验过两万人。他们得到下列几条重要的结论：

（一）每曲乐调都要引起听者情绪的变迁。

（二）同一乐调在不同时间给许多教育环境不同的人们听，所引起的情绪变迁往往很近似。

（三）情绪变迁的大小与欣赏力的强弱成比例。

（四）乐调的生熟往往能影响欣赏程度的深浅。但是欣赏力愈强者愈不易受生熟差别的影响，欣赏力愈弱者愈苦陌生的新音乐不易欣赏。

（五）听音乐者可分三类：欣赏力弱者欣赏时甚少，欣赏的强度也甚小；欣赏力平庸者欣赏时甚多，欣赏的强度却甚小；欣赏力强者欣赏时甚少（因为慎于批评），但是欣赏的强度却很大（因为了解技艺）。

（六）情绪的种类与欣赏的强度无直接关系，惟由和悦而严肃时比由严肃而和悦时所生的快感较小。

（七）对于乐调价值的评判与欣赏的强度成比例。

（八）音乐只能引起抽象的普遍的情调如平息、欣喜、凄恻、虔敬、希冀、眷念等等；不能引起具体的特殊的情绪如愤怒、畏惧、妒忌等等。

九、音乐所以能影响情绪者大半由于生理作用。

关于声音的生理基础，学说颇多，以德国心理学家海尔门霍兹（Helmholtz）的为最圆满。我们知道，听觉器官分外耳、中耳、内耳三部分。音波来时，外耳任收集，中耳任传达，内耳任接收。这三部分器官尤以内耳为最重要。内耳又分三部分：外部为三个半规状管，借中耳的骨状体与鼓膜相连；中部为前庭；内部为螺状体。螺状体之中盛满液体，其中有一条带状基膜。听觉神经即散布在这条基膜上，音波入耳孔时先引起基膜的震动，这个震动传到螺状体，引起其中液体的震动，听觉神经受这震动的刺激，传到脑的听神经中枢，于是有音乐的感觉。所以真正的听觉器官只是内耳的螺状体。近代心理学家尝把动物的螺状体设法移去，结果该动物即失其听觉作用，可为明证。但是音的高低是怎样感觉到的呢？依海尔门霍兹说，螺状体的基膜好像钢琴，钢琴上弦子排列由左而右，愈左愈长，愈右愈短，所以它们发的音愈左愈低，愈右愈高。每条弦子都只能发一种音。螺状体的基膜是夹在两条软骨中间的，下部甚窄，愈近螺顶愈阔，基膜上面横列着无数细胞纤维，纤维的两端都嵌在夹着基膜的软骨里，所以愈在基膜窄部愈紧张，愈在基膜阔部愈松弛，每条神经纤维即相当于一条琴弦，只能吸收一种音波。长而松的纤维吸收低音，短而紧的纤维吸收高音。换句话说，每条神经纤维就是一个共鸣器。根据物理学的原理，每一个共鸣器只能和一种音共鸣。听神经纤维也是如此。某纤维只能和每秒震动三百次的音波共鸣，某纤维只能和每秒震动六百次的音波共鸣，都不能稍有改变。如果有“纯音”的可能，在它入耳时，就只有一条听神经纤维行使其机能；在无数复音入耳时，好比几个琴弦同时被弹一样，就有无数听神经纤维行使其机能。人的螺状体基膜上共含两万四千条听神经纤维，所以在理论上有听两万四千种音的可能。

近代科学家有人拿狗来试验，发现狗的基膜下部毁坏时即不能听高音，上部毁坏时即不能听低音。又有人拿几内亚猪来实验，给一种震动数固定的单调音接连让它听数星期，以后它就不能听该音调。它死后，我们如果检验它的基膜，就可以发现担任听该音调的纤维已腐烂，这就由于该纤维行使机能过久，缺乏休息和营养，所以失其作用。如果实验用的音很高，则腐烂的纤维常在基膜下部；如果实验用的音很低，则腐烂的纤维常在基膜上部。这种实验是海尔门霍兹的学说一个有力的证据。

但是音乐实不仅能影响听神经，还可以影响周身的筋肉和血脉的运动。近代实验美学家应用种种仪器测验音乐对于血液循环及脉搏起伏的影响也颇可资参考。据斐芮（Feary）、斯库普秋（Scripture）诸人的研究，声音都可以使筋肉增加能力，迅速的和愉快的音乐尤其可以消除筋肉的疲劳。孟慈（Mentz）发现凡在音调完全和谐时，音的强度猛然更换时以及一曲乐调将终结时，血脉和呼吸都变慢；在听者注意分析乐调时，血脉和呼吸都变快。比纳（Binet）和库地耶（Courtier）的结论与此稍不同。他们都说一切音的刺激都可以增加血脉和呼吸的速度，不过在听不调和的音阶、大音阶以及音阶迅速更换时，血脉和呼吸的速度变得更快。据福斯特（Foster）和干伯尔（Gamble）的研究，听音乐时的呼吸和平常工作时的呼吸速度并无分别，不过平时呼吸有规律，听音乐时呼吸大半没有规律。斐拉芮（Ferrari）拿疯人和健全人来比较，发现只有疯人在听音乐时血脉的起落才直接受音乐的影响，他以为这是由于疯人的心脏失去控制作用。据海依德（H. Hyde）的报告，悲伤的音乐可以使血脉速度变缓，愉快的音乐可以使血脉速度变快，生理的变迁和心理的变迁是相平行的。她以为愉快的音乐对于病有治疗的功效。康宁（L. Corning）也说患神经病的人在听音乐之后病势可略减轻。古希腊常用音乐来治疗病症，亚里士多德曾说音乐有“发散”（catharsis）的功效。音乐何以能治病，科学家尚无满意的解释，但是它的功效大半是生理的，则已为一般人所公认。

十、近代实验美学对于音乐所得的结果大致如此。在理论方面，我们前已提及，近代美学家对于音乐有表现派和形式派的分别。表现派以为音乐是情感的流感，音乐家和诗人一样，心中都有一种深厚的感情要表现出来，不过他们所用的工具不同，诗人表情用文字，音乐家表情用乐调。音乐的好坏以其所表现的感情深浅为准。这种学说在中国从来没有人置疑过。《乐记》中有一段话把这个道理说得最透辟：“乐者音之所由生也，其本在人心之感于物也。是故其哀心感者其声噍以杀，其乐心感者其声啴以缓，其喜心感者其声发以散，其怒心感者其声粗以厉，其敬心感者其声直以廉，其爱心感者其声和以柔，六者非性也，感于物而后动。”在西方思想史中这种学说在近代才盛行。叔本华是一个先导。他的音乐定义是“意志的客观化”（the objectification of will），其他艺术表现心灵都须借助于意象，只有音乐才能不假意象的帮助而直接表现意志。德国大音乐家瓦格纳根据叔本华的哲学，倡音乐表情之说，以为凡可以音乐表现者同时也可以文字表现，于是开近代“乐剧”（music drama）的先河。这种音乐表情说与当时浪漫主义的文学主张相吻合，都是注重情感，薄视古典派的明晰的形式。浪漫时期的音乐大半迷离隐约，没有明确的轮廓，就是受表现说的影响。

赞成表现说者大半以为音乐与语言同源。语言的音调往往随情感变化而起伏，所以同是一句话在怒时说出和在喜时说出的语调不同。语言背后本已有一种潜在的音乐，正式的音乐不过就语言所已有的音乐加以铺张润色。持此说最力者在法有格列屈（Gretry），在英有斯宾塞（Spencer）。斯宾塞尝说，音乐是一种“光彩化的语言”（glorified language）。他以为情感可影响筋肉的变化，而筋肉的变化，则可以影响音调的洪纤、高低、长短。照这样看，乐器所弹奏的音乐是由歌唱演化出来的。

就常识说，音乐表现情感说似无可置疑，但在近代极受形式派的攻击。形式派首领是德国汉斯力克（Hanslick）。他曾著一书，叫做《音乐的美》，用意在反驳瓦格纳的音乐表情说。在他看，音乐就是拿许多高低长短不同的音砌成一种很美的形式。在其他艺术之中形式之后都有意义，在音乐之中则形式之后绝对没有什么意义。音乐的美完全是一种形式的美。听音乐的人须能把全曲乐调悬在心眼面前，仔细玩味它的各部分抑扬开合的关系，才能见到音乐的美。音乐能引起情感，固然是事实，但是音乐的美却不在它能引起情感。“严格地说，凡美都无所为，因为它除形式之外即别无所有。形式尽管可以有用场，可是就其为形式而言，自身以外实别无目的，如果审美能引起快感，这是影响，和美的本身不是一件事。我示人以美时，目的尽管在引起他的快感，但是这个目的与美的本身却不相干。美纵然不能引起任何情感，纵使没有人去看它，它却仍不失其为美。换句话说，美虽是为给观者以愉快而存在的，至其可否存在却不依赖它能否给人以愉快。”这是艺术上形式主义的一段最明显的供词。

英人盖尔尼（Gurney）也反对音乐表现情感说。他以为音乐的美不在情感，就如美人的美不在她的忧喜。他引了许多大音乐家的话来证明“表现说”的无稽：

贝多芬埋怨人对于他的作品曲为解说，曾经说许多很酷毒的话。但是要寻关于这个问题的联贯的主张，自然要去看门德尔松和舒曼一班文人派音乐家的著作。门德尔松说：“如果你问我在制某乐谱时心里所想的是什么，我只能说，那恰是该谱制成时的形样。……”从此可知音乐本身以外的观念和情感都非必要了——至少在门德尔松是如此。舒曼对于在音乐中寻文字的意义之意见，可从下面的话看出：“批评家们老是想知道音乐家自己所无法用文字说出的东西，他们对于所谈的东西往往连十分之一也没有懂得。天！将来有一天人们不再问我们在神圣的作品之后隐寓什么意义么？把第五阶辨别出来罢，别再来扰我们的安宁！”“贝多芬谱田园交响曲所冒的危险，他自己知道的。画家们因此把贝多芬画在一条小河旁边坐着，捧着头听潺潺的流水，这是多么荒谬！”“人们总以为音乐家在制谱时，先准备好纸笔，打定主意来作描写的工作，来表现这样，表现那样，这实在是大错。不幸得很，这恰巧是柏辽兹（Berlioz）所做的勾当，而且有许多人因为他专做这种勾当而去捧他！”

这番话不但是攻击表现说，对于音乐起于语言一说也可以说是一个打击。音乐起于语言说本来很难成立。据德国华拉歇克（Wallaschek）的研究，野蛮民族所唱的歌调毫无意义，他们却欢喜唱它，欢喜听它，都只是因为音调和谐。儿歌也是如此。格罗塞（E. Grosse）在《艺术源始》里也说："原始的抒情诗最重的成分就是音乐，至于意义还在其次。"从此可知语言和音乐是两件事，语言有意义，了解语言就是了解它的意义；音乐无意义，要欣赏它，只要能觉得它的音调和谐就够了。不但如此，乐调的高低是有定准的，语调的高低是无定准的；音乐所用的音是有限的、断续的，语言所用的音是无限的、联贯的。这个道理，斯徒夫（Stumpf）早已说过，也是证明音乐和语言并没有直接的关系。音乐既不是一种语言，就不能算是一种表现情感的艺术了。

表现派和形式派的争执大要如此。他们都似持之有故，言之成理，我们究竟何去何从呢？从上述各实验看，我们很难偏袒某一派。从表现派说，每个乐调和每个音阶既都各有特殊的情感，而同一乐调在许多听者所生的情感既又相近似，则音乐表现情感之说有证。说到究竟，凡是关于音乐与情感的测验大半都以表现说为出发点。反之，从形式派说，如果音乐表现固定的情感和意义，则听者所生的意象不应人各一样，毫不相谋，而发生联想也就是了解音乐所表现的意义，也就是欣赏音乐；但是据实验结果看，同一乐调可以引起许多不同的幻想，联想类听者和主观类听者对于音乐的欣赏力又极薄弱。这些事实都与表现说不甚符合。然则形式派与表现派的争执，究应如何解决呢？

我们在第一章分析美感经验时已详细说过，一切艺术都是抒情的表现，都是实质和形式婚媾后所产的宁馨儿，有实质而无形式则粗疏，有形式而无实质则空洞，音乐自然也不能跳开这个公例，离开情感，单靠形式而存在。专在形式上下功夫而不能表现任何情感的音乐，究非上品。大音乐家如贝多芬、瓦格纳、巴赫诸人的作品都有很深厚的情思在后面，这是多数人所公认的。绝对否认音乐为表现的艺术，这实在是形式派的误解。不过表现派以为音乐所表现的是固定的具体的情思，说贝多芬的《第九交响曲》用意在证明神的存在，说他的《田园交响曲》是描写某处的田园的风味，这也是没有明白音乐的真使命。德拉库瓦教授说得好："音乐把情感加以音乐化。"音乐确实是表现情感的，但是像其他艺术一样，它所表现的并非生糙的情感。生糙的情感通过音乐之后，好比泥水通过滲沥器，渣滓脱尽，仅余精粹。音乐仅摄取诸个别情感的共相，它所表现的只是情感的原型，好比名理范围里的由普遍化及抽象化得来的概念。概念隐括诸个别事物的意义，却不带诸个别事物的殊相。音乐所表现的也是如此。譬如一曲音节响亮、节奏飞舞的音乐所表现的只是一种欣喜焕发的情调，有人听见发生行婚礼时的情感，有人听见发生奏凯旋时的情感，有人听见觉得它是表现春天的景象，有人听见觉得它是描写少年英雄的豪情胜慨。这些都是特殊的固定的具体的情思，却同具欣喜焕发的情调。音乐只能表现这种普遍的抽象的情调，却不能表现特殊的具体的情思。由普遍的抽象的情调而引起特殊的具体的情思，这是由全体到部分的联想。一般人因为听某种乐调起某种特殊的情感或意象，便以为该种乐调就是表现该种特殊的情感或意象，这是陷于以偏概全的谬误，犹如看到一幅青色的图案画联想到某一棵松树，便说该图案表现那一棵松树，同是一样无稽。梵斯华兹和贝蒙叫一班学音乐的学生在听音乐时随时将所生的意象画下，结果各画所表现是不同而情调则一致。宾汉和休恩诸人发现音乐只能表现平息、凄恻、欣赏、虔诚、眷念一类的普遍的情调，而不能表现愤怒、畏惧、妒忌一类的特殊的情绪。这些实验都足证明我们的见解。

（选自《文艺心理学》，开明书店1936年版）

后　记

本书以重庆出版社2019年版《谈美》《谈美书简》《给青年的十二封信》为底本，参校中华书局2012年版《朱光潜全集》，个别讹误之处，已加脚注说明，力求保持原文原貌。